高校数学A 専用 スタディノート　もくじ

JN060424

① 集合と要素 [教科書 p.6〜8]

p.6 　**問 1**　次の集合を，要素をかき並べて表しなさい。

(1)　20 の正の約数の集合 C

(2)　1 以上 20 以下の 3 の倍数の集合 D

(3)　10 以下の自然数の集合 E

p.7 　**問 2**　集合 $A = \{1,\ 2,\ 3,\ 4,\ 6,\ 12\}$ の部分集合を次の集合から選び，
記号⊂を使って表しなさい。

$P = \{1,\ 5,\ 6,\ 7\}$, $Q = \{2,\ 4,\ 6\}$, $R = \{1,\ 12\}$

p.7 　**問 3**　10 以下の自然数の集合を全体集合とし，3 の倍数の集合を B とするとき，
B の補集合 $\overline{B}$ を求めなさい。

$\overline{B} =$

p.8 　**問 4**　次の集合 A, B について，$A \cap B$ と $A \cup B$ を求めなさい。

(1)　$A = \{1,\ 3,\ 5,\ 7,\ 9\}$, $B = \{2,\ 3,\ 5,\ 8\}$

$A \cap B =$

$A \cup B =$

(2)　$A = \{2,\ 4,\ 6,\ 8,\ 10,\ 12\}$, $B = \{4,\ 8,\ 12\}$

$A \cap B =$

$A \cup B =$

練習問題

① 次の集合を，要素をかき並べて表しなさい。

(1) 12 の正の約数の集合 F

(2) 5 以上 15 以下の 2 の倍数の集合 G

(3) 10 以上 20 以下の自然数の集合 H

② 集合 $A = \{-3, -1, 1, 3, 5, 7\}$ の部分集合を次の集合から選び，記号⊂を使って表しなさい。

$P = \{-3, -1, 1\}$, $Q = \{1, 3, 4, 7\}$, $R = \{-1, 1\}$

③ 15 以下の自然数の集合を全体集合とし，4 の倍数の集合を B とするとき，B の補集合 $\overline{B}$ を求めなさい。

$\overline{B} =$

④ 次の集合 A, B について，$A \cap B$ と $A \cup B$ を求めなさい。

(1) $A = \{-3, -1, 1, 3, 5, 7\}$, $B = \{-3, -2, 1, 2, 3\}$

$A \cap B =$

$A \cup B =$

(2) $A = \{1, 3, 5, 7, 11, 13\}$, $B = \{3, 6, 9\}$

$A \cap B =$

$A \cup B =$

検

② 集合の要素の個数 [教科書 p. 9〜11]

p.9　**問** 5　30 の正の約数の集合を A とするとき，$n(A)$ を求めなさい。

p.9　**問** 6　30 以下の自然数の集合を全体集合とし，5 の倍数の集合を A とするとき，$n(\overline{A})$ を求めなさい。

p.11　**問** 7　30 以下の自然数の集合を全体集合とし，3 の倍数の集合を A，5 の倍数の集合を B とするとき，$n(A \cup B)$ を求めなさい。

p.11　**問** 8　あるクラスについて，次のテレビ番組の中 継（ちゅうけい）を見た生徒数を調べたところ

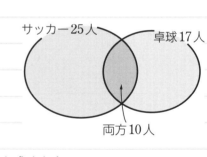

サッカー25人　卓球17人　両方10人

サッカー	25 人
卓球	17 人
サッカーと卓球の両方	10 人

であった。サッカーまたは卓球の中継を見た生徒は何人いるか求めなさい。

練習問題

① 28 の正の約数の集合を A とするとき，$n(A)$ を求めなさい。

② 24 以下の自然数の集合を全体集合とし，4 の倍数の集合を A とするとき，$n(\overline{A})$ を求めなさい。

③ 20 以下の自然数の集合を全体集合とし，2 の倍数の集合を A，5 の倍数の集合を B とするとき，$n(A \cup B)$ を求めなさい。

④ あるクラスについて，次のテレビ番組の中継を見た
生徒数を調べたところ

テニス	10 人
野球	21 人
テニスと野球の両方	4 人

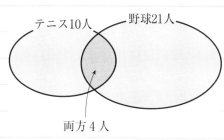

テニス10人　野球21人

両方 4 人

であった。テニスまたは野球の中継を見た生徒は何人いるか求めなさい。

検

③ 場合の数の求め方 [教科書 p. 12〜13]

p.12　**問** 9　色の異なるワイシャツが A，B，C，D の 4 着，デザインの異なるネクタイが X，Y の 2 本ある。

この中からワイシャツとネクタイを 1 つずつ選び，セットにして展示するとき，選び方は何通りあるか，すべての場合をかき並べて求めなさい。

p.13　**問** 10　問 9 について，以下の表を完成させて，すべての選び方を示しなさい。

	X	Y
A	AX	
B		
C		
D		

p.13　**問** 11　問 9 について，樹形図をつくりなさい。

練習問題

① 通信回線事業者が A，B，C，D の 4 社あり，どの通信回線事業者でも取り扱っているスマートフォンが X，Y，Z の 3 機種ある。

　この中から通信回線事業者とスマートフォンを 1 つずつ選ぶとき，選び方は何通りあるか，すべての場合をかき並べて求めなさい。

② ①について，以下の表を完成させて，すべての選び方を示しなさい。

	X	Y	Z
A	AX		
B			
C			
D			

③ ①について，樹形図をつくりなさい。

8

④ 和の法則と積の法則・順列(1) [教科書 p.14〜17]

p.14 **問 12** 大小2個のさいころを同時に投げるとき，次の場合の数を求めなさい。

(1) 目の数の和が5の倍数

大小2個のさいころの目の数の和

小\大	⚀	⚁	⚂	⚃	⚄	⚅
⚀	2	3	4	5	6	7
⚁	3	4	5	6	7	8
⚂	4	5	6	7	8	9
⚃	5	6	7	8	9	10
⚄	6	7	8	9	10	11
⚅	7	8	9	10	11	12

(2) 目の数の和が10以上

p.15 **問 13** 鉄道についての雑誌が5種類，航空機についての雑誌が4種類ある。この中からそれぞれ1種類ずつ選ぶとき，選び方は何通りあるか求めなさい。

p.17 **問 14** 次の値を求めなさい。

(1) $_8P_2$ (2) $_5P_4$

(3) $_4P_1$ (4) $_3P_3$

p.17 **問 15** 6人のリレー選手の中から走る順番を考えて4人を選ぶとき，選び方は何通りあるか求めなさい。

練習問題

① 大小2個のさいころを同時に投げるとき，次の場合の数を求めなさい。

(1) 目の数の和が4の倍数

(2) 目の数の和が4以下

② 数学の参考書が7種類，英語の参考書が8種類ある。この中からそれぞれ1種類ずつ選ぶとき，選び方は何通りあるか求めなさい。

③ 次の値を求めなさい。

(1) $_{10}P_3$

(2) $_6P_4$

(3) $_7P_1$

(4) $_4P_4$

④ 5人のリレー選手の中から走る順番を考えて3人選ぶとき，選び方は何通りあるか求めなさい。

⑤ 順列⑵ [教科書 p. 18～19]

p.18 **問** 16 次の値を求めなさい。

(1) $4!$

(2) $3! \times 6!$

(3) $\dfrac{10!}{7!}$

p.18 **問** 17 5人が1列に並んでダンスをするとき，並び方は何通りあるか求めなさい。

p.19 **問** 18 先生3人，生徒5人の計8人の中から5人が1列に並ぶとき，両端が先生，中の3人が生徒である並び方は何通りあるか求めなさい。

p.19 **問** 19 文芸部員2人，写真部員5人の計7人が1列に並んで写真をとるとき，文芸部員2人がとなりあう並び方は何通りあるか求めなさい。

練習問題

① 次の値を求めなさい。

(1) 5!

(2) 2! × 4!

(3) $\dfrac{8!}{6!}$

② 7人が1列に並んでダンスをするとき，並び方は何通りあるか求めなさい。

③ 先生3人，生徒4人の計7人の中から4人が1列に並ぶとき，両端が先生，中の2人が生徒である並び方は何通りあるか求めなさい。

④ 美術部員3人，書道部員5人の計8人が1列に並んで写真をとるとき，美術部員3人がとなりあう並び方は何通りあるか求めなさい。

検

12

⑥ 円順列・重複順列 [教科書 p.20〜21]

p.20 問20　6人が円形のテーブルにつくとき，座り方は何通りあるか求めなさい。

p.21 問21　1，2，3，4の数字を使って3けたの整数をつくる。同じ数字をくり返し使ってもよいとき，整数は何個できるか求めなさい。

p.21 問22　1枚のコインをくり返し5回投げるとき，表と裏の出方は何通りあるか求めなさい。

練習問題

① 7 人が円形のテーブルにつくとき，座り方は何通りあるか求めなさい。

② 1，2，3，4，5，6 の数字を使って 3 けたの整数をつくる。同じ数字をくり返し使ってもよいとき，整数は何個できるか求めなさい。

③ 1 枚のコインをくり返し 4 回投げるとき，表と裏の出方は何通りあるか求めなさい。

検

⑦ 組合せ(1) [教科書 p. 22〜24]

p.23 問 23 次の値を求めなさい。

(1) $_5C_2$

(2) $_8C_3$

(3) $_6C_2$

(4) $_6C_4$

(5) $_7C_1$

(6) $_4C_4$

p.24 問 24 次の場合の数を求めなさい。

(1) 8種類のくだものの中から2種類を選ぶときの選び方

(2) 10人の生徒の中から3人の委員を選ぶときの選び方

(3) あるテストで, 9問の中から5問を選んで解答するときの問題の選び方

p.24 問 25 右の図のように, 円周上に8個の点 A, B, C, D, E, F, G, H がある。このとき, これらを頂点とする次の多角形は何個できるか求めなさい。

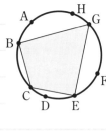

(1) 四角形

(2) 五角形

練習問題

① 次の値を求めなさい。

(1) $_8C_4$

(2) $_{10}C_2$

(3) $_9C_3$

(4) $_9C_6$

(5) $_6C_1$

(6) $_5C_5$

② 次の場合の数を求めなさい。

(1) 10 種類のくだものの中から 4 種類を選ぶときの選び方

(2) 20 人の生徒の中から 2 人の委員を選ぶときの選び方

(3) あるテストで，11 問の中から 4 問を選んで解答するときの問題の選び方

③ 右の図のように，円周上に 5 個の点 A，B，C，D，E がある。
このとき，これらを頂点とする次の多角形は何個できるか求め
なさい。

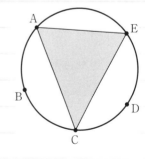

(1) 三角形

(2) 四角形

⑧ 組合せ(2) [教科書 p. 25〜27]

p.25 **問 26** A 組 6 人，B 組 5 人の中から A 組代表 2 人，B 組代表 3 人を選ぶとき，選び方は何通りあるか求めなさい。

p.25 **問 27** 右の図のように，長方形の縦と横の辺にそれぞれ平行な線が引いてある。この図の中に長方形は全部で何個あるか求めなさい。

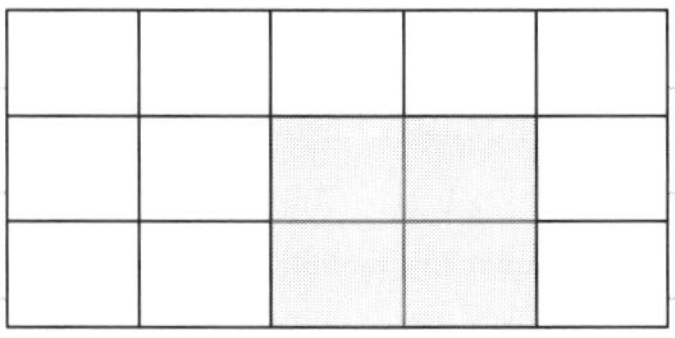

p.26 **問 28** 次の値をくふうして求めなさい。

(1) $_7C_5$

(2) $_{10}C_7$

(3) $_{12}C_{10}$

(4) $_{100}C_{99}$

p.27 **問 29** 右の図のような道路があるとき，次の場合の最短経路の道順は何通りあるか求めなさい。

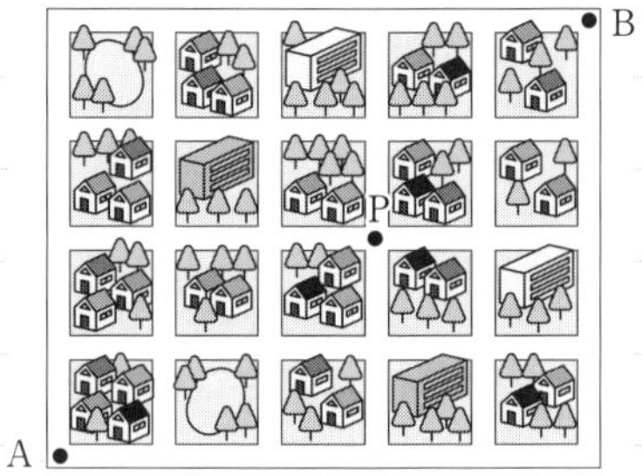

(1) A 地点から B 地点まで行く

(2) A 地点から P 地点まで行く

(3) P 地点から B 地点まで行く

(4) A 地点から P 地点を通って B 地点まで行く

練習問題

① 　A 組 3 人，B 組 5 人の中から A 組代表 2 人，B 組代表 2 人を選ぶとき，選び方は何通りあるか求めなさい。

② 　右の図のように，長方形の縦と横の辺にそれぞれ平行な線が引いてある。この図の中に長方形は全部で何個あるか求めなさい。

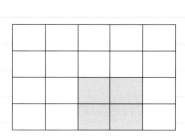

③ 　次の値をくふうして求めなさい。

(1) 　$_8C_6$

(2) 　$_9C_8$

(3) 　$_{14}C_{12}$

(4) 　$_{100}C_{98}$

④ 　右の図のような道路があるとき，次の場合の最短経路の道順は何通りあるか求めなさい。

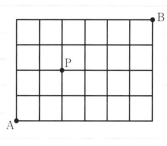

(1) 　A 地点から B 地点まで行く

(2) 　A 地点から P 地点まで行く

(3) 　P 地点から B 地点まで行く

(4) 　A 地点から P 地点を通って B 地点まで行く

検

18

Exercise [教科書 p. 28]

1 20 以下の自然数の集合を全体集合とし，奇数の集合を A，3 の倍数の集合を B とするとき，次の値を求めなさい。

(1) $n(\overline{A})$

(2) $n(A \cap B)$

(3) $n(A \cup B)$

(4) $n(A \cup \overline{B})$

2 $\boxed{1}$, $\boxed{2}$, $\boxed{3}$, $\boxed{4}$, $\boxed{5}$, $\boxed{6}$ の 6 枚のカードの中から 4 枚のカードを取り出して 4 けたの整数をつくるとき，次の問いに答えなさい。

(1) 4 けたの整数は何個できるか求めなさい。

up (2) 5 でわり切れる 4 けたの整数は何個できるか求めなさい。

3 合唱部員 5 人，吹奏楽部員 6 人の計 11 人の中から 4 人が 1 列に並ぶとき，両端が合唱部員，中の 2 人が吹奏楽部員である並び方は何通りあるか求めなさい。

4 1 から 9 までの整数の中から異なる 2 つの数を選ぶとき，次の問いに答えなさい。

(1) 選び方は全部で何通りあるか求めなさい。

(2) 選んだ 2 つの数の和が奇数になる場合は何通りあるか求めなさい。

up↑ (3) 選んだ 2 つの数の積が偶数になる場合は何通りあるか求めなさい。

考えてみよう！ 夏目漱石の「坊ちゃん」，「こころ」，「吾輩は猫である」，「三四郎」，「草枕」，「道草」の 6 冊の本の中から 3 冊の本を選んで読むことにする。

このとき，次のそれぞれの場合について，本の選び方は何通りあるか考えてみよう。

(1) 読む順序を考える

(2) 読む順序を考えない

(3) (1)のうち，1 番目に「こころ」を読む

(4) (2)のうち，「こころ」を必ず読む

検

⑨ 試行と事象・確率の求め方(1) [教科書 p. 29〜32]

p.30 問 1　1個のさいころを投げる試行において，次の事象を，集合で表しなさい。

(1)　「奇数の目が出る」事象 B

(2)　「2以下の目が出る」事象 C

p.32 問 2　1個のさいころを投げるとき，次の確率を求めなさい。

(1)　4以上の目が出る確率

(2)　3の倍数の目が出る確率

p.32 問 3　100円硬貨1枚と10円硬貨1枚を同時に投げるとき，次の確率を求めなさい。

(1)　2枚とも表が出る確率

(2)　2枚とも裏が出る確率

練習問題

① 1個のさいころを投げる試行において，次の事象を，集合で表しなさい。

(1) 「5以上の目が出る」事象 D

(2) 「3以下の目が出る」事象 E

② 1個のさいころを投げるとき，次の確率を求めなさい。

(1) 3以上の目が出る確率

(2) 4の約数の目が出る確率

③ 100円硬貨1枚と10円硬貨1枚を同時に投げるとき，1枚だけ裏が出る確率を求めなさい。

検

⑩ 確率の求め方(2) [教科書 p.33]

p.33 **問** 4　大小 2 個のさいころを同時に投げるとき，次の確率を求めなさい。

(1)　目の数の和が 7 になる確率

大小 2 個のさいころの目の数の和

小／大	⚀	⚁	⚂	⚃	⚄	⚅
⚀	2	3	4	5	6	7
⚁	3	4	5	6	7	8
⚂	4	5	6	7	8	9
⚃	5	6	7	8	9	10
⚄	6	7	8	9	10	11
⚅	7	8	9	10	11	12

(2)　目の数が同じになる確率

p.33 **問** 5　10 円，100 円，500 円の 3 枚の硬貨を同時に投げるとき，表裏の出方について，右の表を完成させて，次の確率を求めなさい。

(1)　3 枚とも表が出る確率

	10円	100円	500円
3枚とも表	○	○	○
2枚が表 1枚が裏	○	○	×
1枚が表 2枚が裏			
3枚とも裏			

○は表，× は裏

(2)　2 枚が表で 1 枚は裏が出る確率

(3)　1 枚が表で 2 枚は裏が出る確率

練習問題

① 大小 2 個のさいころを同時に投げるとき，次の確率を求めなさい。

(1) 目の数の和が 5 になる確率

(2) 目の数の和が 10 以上になる確率

(3) 目の数の積が 4 になる確率

大小 2 個のさいころの目の数の積

小／大	⚀	⚁	⚂	⚃	⚄	⚅
⚀	1	2	3	4	5	6
⚁	2	4	6	8	10	12
⚂	3	6	9	12	15	18
⚃	4	8	12	16	20	24
⚄	5	10	15	20	25	30
⚅	6	12	18	24	30	36

(4) 目の数の積が 20 以上になる確率

② 10 円，100 円，500 円の 3 枚の硬貨を同時に投げるとき，3 枚とも裏が出る確率を求めなさい。

③ 1 枚の硬貨と 1 個のさいころを同時に投げるとき，次の確率を求めなさい。

(1) 硬貨は表が出て，さいころは偶数の目が出る確率

(2) 硬貨は裏が出て，さいころは 5 以上の目が出る確率

検

⑪ 組合せを利用する確率(1) [教科書 p.34]

p.34 **問 6** 4本の当たりくじを含む 12 本のくじの中から同時に 2 本のくじを引くとき，次の確率を求めなさい。

(1) 2本とも当たりくじである確率

(2) 2本ともはずれくじである確率

p.34 **問 7** 1, 2, 3, 4, 5, 6, 7, 8 の 8 枚のカードの中から同時に 3 枚のカードを引くとき，3 枚とも偶数のカードである確率を求めなさい。

練習問題

① 5 本の当たりくじを含む 15 本のくじの中から同時に 2 本のくじを引くとき，次の確率を求め
なさい。

(1)　2 本とも当たりくじである確率

(2)　2 本ともはずれくじである確率

② [1]，[2]，[3]，[4]，[5]，[6]，[7]，[8]，[9]，[10] の 10 枚のカードの中から同時に 3 枚のカードを
引くとき，3 枚とも奇数のカードである確率を求めなさい。

検

26

⑫組合せを利用する確率(2) [教科書 p. 35]

p.35 **問** 8　赤玉 3 個，白玉 4 個の計 7 個が入っている袋から同時に 2 個の玉を取り出すとき，次の確率を求めなさい。

(1)　2 個とも赤玉である確率

(2)　2 個とも白玉である確率

(3)　1 個が赤玉で 1 個が白玉である確率

練習問題

① 赤玉 6 個，白玉 4 個の計 10 個が入っている袋から同時に 3 個の玉を取り出すとき，次の確率を求めなさい。

(1) 3 個とも赤玉である確率

(2) 1 個が赤玉で 2 個が白玉である確率

(3) 2 個が赤玉で 1 個が白玉である確率

検

⑬排反事象の確率 [教科書 p. 36～37]

p.37 **問** 9 　$\boxed{1}$, $\boxed{2}$, $\boxed{3}$, $\boxed{4}$, $\boxed{5}$, $\boxed{6}$ の6枚のカードの中から1枚のカードを引くとき，6または奇数のカードである確率を求めなさい。

p.37 **問** 10 　赤玉5個，白玉4個の計9個が入っている袋から同時に2個の玉を取り出すとき，2個とも同じ色である確率を求めなさい。

練習問題

① $\boxed{1}$, $\boxed{2}$, $\boxed{3}$, $\boxed{4}$, $\boxed{5}$, $\boxed{6}$, $\boxed{7}$, $\boxed{8}$ の8枚のカードの中から1枚のカードを引くとき，

3のカードまたは4の倍数のカードである確率を求めなさい。

② 赤玉3個，白玉5個の計8個が入っている袋から同時に2個の玉を取り出すとき，

2個とも同じ色である確率を求めなさい。

検

⑭余事象を利用する確率 [教科書 p. 38～39]

p.39 問11 1, 2, 3, 4, 5, 6, 7, 8, 9, 10 の 10 枚のカードの中から 1 枚のカードを引くとき, 次の確率を求めなさい。

(1) 5 の倍数である確率

(2) 5 の倍数でない確率

p.39 問12 大小 2 個のさいころを同時に投げるとき, 少なくとも 1 個は 1 の目が出る確率を求めなさい。

練習問題

① $\boxed{1}$, $\boxed{2}$, $\boxed{3}$, $\boxed{4}$, $\boxed{5}$, $\boxed{6}$, $\boxed{7}$, $\boxed{8}$, $\boxed{9}$, $\boxed{10}$, $\boxed{11}$, $\boxed{12}$ の 12 枚のカードの中から 1 枚の

カードを引くとき，次の確率を求めなさい。

(1)　4 の倍数である確率

(2)　4 の倍数でない確率

② 大小 2 個のさいころを同時に投げるとき，少なくとも 1 個は 2 以上の目が出る確率を求めなさい。

検

32

⑮独立な試行とその確率・反復試行とその確率 [教科書 p. 40〜43]

p.41 **問 13** Aの袋には，赤玉4個，白玉3個の計7個が入っており，Bの袋には，赤玉5個，白玉2個の計7個が入っている。A，B2つの袋の中からそれぞれ1個ずつ玉を取り出すとき，2個とも白玉である確率を求めなさい。

p.43 **問 14** 1個のさいころをくり返し5回投げるとき，偶数の目が3回だけ出る確率を求めなさい。

p.43 **問 15** 教子さんはテニスでサーブを打つとき，$\frac{1}{2}$の確率で成功させることができる。教子さんが5本サーブを打つとき，4本以上成功させる確率を求めなさい。

練習問題

① 　A の袋には，赤玉 1 個，白玉 4 個の計 5 個が入っており，B の袋には，赤玉 4 個，白玉 1 個の計 5 個が入っている。A，B 2 つの袋の中からそれぞれ 1 個ずつ玉を取り出すとき，2 個とも赤玉である確率を求めなさい。

② 　1 個のさいころをくり返し 3 回投げるとき，4 以上の目が 2 回だけ出る確率を求めなさい。

③ 　太郎さんは弓道で矢を射るとき，$\dfrac{2}{3}$ の確率で的に命中させることができる。太郎さんが 3 回矢を射るとき，2 回以上的に命中させる確率を求めなさい。

検

⑯条件つき確率 [教科書 p. 44〜45]

p.45 **問** 16　赤玉 2 個, 白玉 3 個の計 5 個が入っている袋から, A さんと B さんがこの順に 1 個ずつ玉を取り出す。ただし, 取り出した玉はもどさないものとする。

A さんが白玉を取り出したとき, B さんが白玉を取り出す条件つき確率を求めなさい。

p.45 **問** 17　右の表は, ある団体バス旅行で, 昼食後の飲み物について, 参加者 32 人がそれぞれ 1 つ注文したものを示している。参加者の中から 1 人を選んで注文したものを聞いたとき, その飲み物が「コーヒーである」事象を A,「ホットである」事象を B とする。次の確率を求めなさい。

	ホット B	アイス $\overline{B}$	計
コーヒー A	6	9	15
紅茶 $\overline{A}$	7	10	17
計	13	19	32

(1)　$P_{\overline{A}}(B)$

(2)　$P_B(\overline{A})$

(3)　$P_B(A)$

練習問題

① 左ページの問 16 で，A さんが赤玉を取り出したとき，B さんが白玉を取り出す条件つき確率を求めなさい。

② 左ページの問 17 で，次の確率を求めなさい。

(1)　$P(A)$

(2)　$P_{\overline{A}}(\overline{B})$

(3)　$P_{\overline{B}}(A)$

検

⑰ 乗法定理・期待値 [教科書 p. 46〜49]

p.47 **問** 18 2本の当たりくじを含む5本のくじの中から，AさんとBさんがこの順に1本ずつ引く。「Aさんが当たる」事象を A，「Bさんが当たる」事象を B として，次の確率を求めなさい。ただし，引いたくじはもどさないものとする。

(1) $P(A \cap \overline{B})$

(2) $P(\overline{A} \cap \overline{B})$

p.47 **問** 19 5本の当たりくじを含む20本のくじの中からAさんとBさんがこの順に1本ずつ引くとき，次の確率を求めなさい。ただし，引いたくじはもどさないものとする。

(1) AさんもBさんも当たる確率

(2) Aさんがはずれ，Bさんが当たる確率

(3) Bさんが当たる確率

p.49 **問** 20 1個のさいころを投げて，5以上の目が出れば120点，他の目が出れば90点となるとき，得点の期待値を求めなさい。

練習問題

① 3本の当たりくじを含む8本のくじの中から，AさんとBさんがこの順に1本ずつ引く。
「Aさんが当たる」事象をA，「Bさんが当たる」事象をBとして，次の確率を求めなさい。
ただし，引いたくじはもどさないものとする。
(1) $P(A \cap B)$

(2) $P(\overline{A} \cap B)$

② 2本の当たりくじを含む8本のくじの中からAさんとBさんがこの順に1本ずつ引くとき，
次の確率を求めなさい。ただし，引いたくじはもどさないものとする。
(1) AさんもBさんも当たる確率

(2) Aさんがはずれ，Bさんが当たる確率

(3) AさんもBさんもはずれる確率

③ 赤玉11個，白玉9個の計20個が入っている袋から1個の玉を取り出し，赤玉が出れば100点，
白玉が出れば200点となるとき，得点の期待値を求めなさい。

検

Exercise [教科書 p.50]

1 大小2個のさいころを同時に投げるとき，目の数の和が4以下になる確率を求めなさい。

2 トランプのハートのカード13枚の中から同時に2枚のカードを引くとき，2枚とも絵札である確率を求めなさい。

up↑

3 3本の当たりくじを含む9本のくじの中から同時に2本のくじを引くとき，少なくとも1本が当たりくじである確率を求めなさい。

4 5問の○×クイズにでたらめに答えるとき，3問だけ正解する確率を求めなさい。

5 赤玉3個，白玉5個の計8個が入っている袋がある。この袋から2個の玉を取り出すとき，次の確率を求めなさい。

(1) 同時に2個の玉を取り出すとき，赤玉と白玉が1個ずつである確率

(2) 最初に1個の玉を取り出し，袋にもどし，もう1個玉を取り出すとき，赤玉と白玉が1個ずつである確率

(3) 最初に1個の玉を取り出し，袋にもどさないで，もう1個玉を取り出すとき，赤玉と白玉が1個ずつである確率

考えてみよう！ 1から50までの番号が1つずつかかれた50枚のカードがある。この中から1枚のカードを引くとき，引いたカードの番号が2の倍数または3の倍数である確率を求めてみよう。

⑱ 三角形の角・平行線と線分の比 [教科書 p.54〜55]

p.54 問 1　次の図で，∠x，∠y の大きさを求めなさい。

(1)

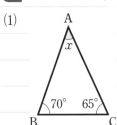

(2)

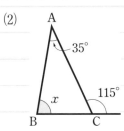

(3)

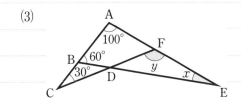

p.55 問 2　次の図の △ABC で，PQ∥BC のとき，x の値を求めなさい。

(1)

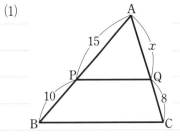

(2)

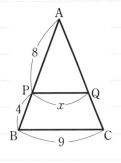

(3)

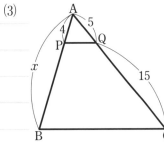

練習問題

① 次の図で，∠x，∠y の大きさを求めなさい。

(1)
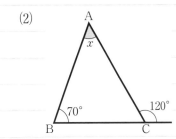

(2)

(3)

② 次の図の △ABC で，PQ∥BC のとき，x の値を求めなさい。

(1)
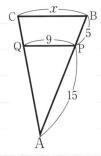

(2)

(3)
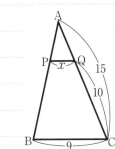

⑲中点連結定理・角の2等分線と線分の比 [教科書 p.56〜57]

p.56 **問 3** 次の図の △ABC で，辺 AB, AC の中点をそれぞれ M, N とするとき，x の値を求めなさい。

(1)

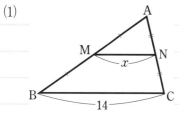

(2)

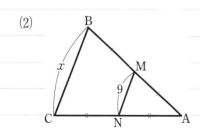

p.57 **問 4** 右の図の △ABC で，AD が ∠A の2等分線のとき，x の値を求めなさい。

(1)

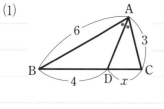

(2)

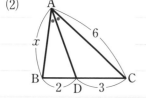

練習問題

① 次の図の △ABC で，辺 AB，AC の中点をそれぞれ M，N とするとき，x の値を求めなさい。

(1)

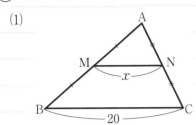

(2)

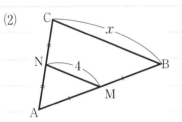

② 右の図の △ABC で，AD が ∠A の 2 等分線のとき，x の値を求めなさい。

(1)

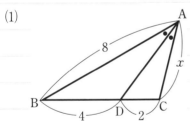

(2)

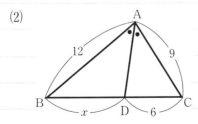

検

㉒ 三角形の外心・内心 [教科書 p.58〜61]

p.59 問 5 次の図の △ABC で，点 O が外心のとき，∠x の大きさを求めなさい。

(1)
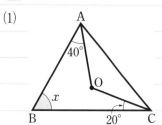

(2)
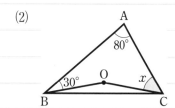

(3)
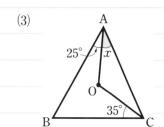

p.61 問 6 次の図の △ABC で，点 I が内心のとき，∠x の大きさを求めなさい。

(1)
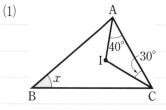

(2)
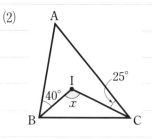

(3)
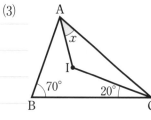

練習問題

① 次の図の △ABC で，点 O が外心のとき，∠x の大きさを求めなさい。

(1)
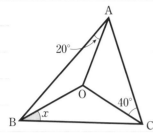

(2)
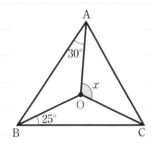

② 次の図の △ABC で，点 I が内心のとき，∠x の大きさを求めなさい。

(1)
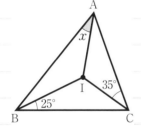

(2)
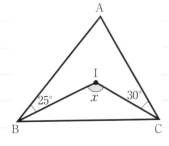

検

㉑ 三角形の重心 [教科書 p. 62～63]

p.63 **問** **7** 右の図の △ABC で，点 G が重心のとき，次の長さを求めなさい。

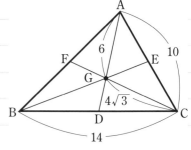

(1) BD

(2) GF

p.63 **問** **8** 右の図の △ABC で，点 G が重心のとき，次の長さを求めなさい。

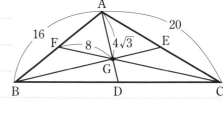

(1) AE

(2) AF

(3) GD

(4) CG

練習問題

① 右の図の △ABC で，点 G が重心のとき，次の長さを求めなさい。

(1) BG

(2) GD

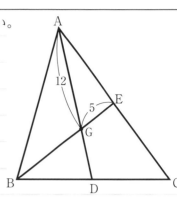

② 右の図の △ABC で，点 G が重心のとき，次の長さを求めなさい。

(1) AE

(2) AF

(3) GD

(4) CG

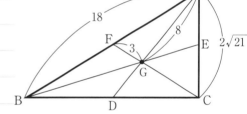

48

Exercise [教科書 p.64]

1 次の図で，∠x，∠y の大きさを求めなさい。

(1)

(2)

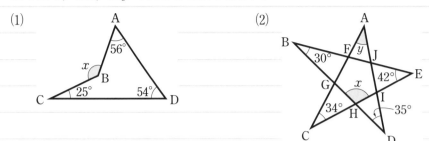

2 次の図の △ABC で，PQ∥BC のとき，x の値を求めなさい。

(1)　　　　　　　(2)　　　　　　　(3)

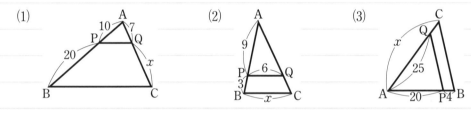

❸ 次の図の △ABC で，AD が ∠A の 2 等分線のとき，x の値を求めなさい。

(1)
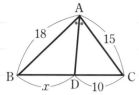

(2)
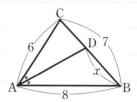

❹ 次の図の △ABC で，以下のものを求めなさい。

(1) ∠x の大きさ

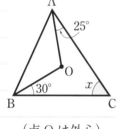

（点 O は外心）

(2) ∠x の大きさ

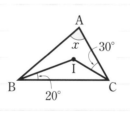

（点 I は内心）

(3) x，y の値

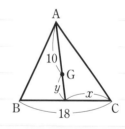

（点 G は重心）

考えてみよう！　右の図で，a の値によって三角形の形がどう変わるか考え，

三角形ができるためには，a はどんな値の範囲であればよいか求めてみよう。

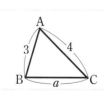

検

㉒ 円周角・円と四角形・接線と弦のつくる角 [教科書 p.65～68]

p.65 **問 1** 次の図で，∠x の大きさを求めなさい。

(1)　　　　　　　(2)　　　　　　　(3)

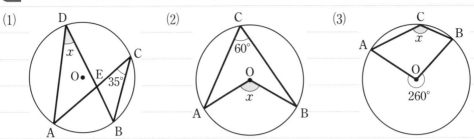

p.66 **問 2** 次の図で，∠x，∠y の大きさを求めなさい。

(1)　　　　　　　(2)

p.67 **問 3** 次の四角形 ABCD の中から，円に内接するものを選びなさい。

① 　　　　　② 　　　　　③

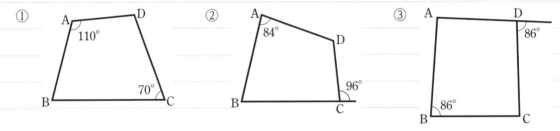

p.68 **問 4** 次の図で，AT が円 O の接線のとき，∠x の大きさを求めなさい。

(1)　　　　　　　(2)

練習問題

① 次の図で，∠x の大きさを求めなさい。

(1)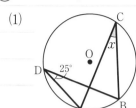

(2)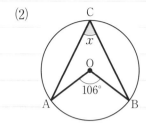

(3)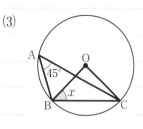

② 次の図で，∠x，∠y の大きさを求めなさい。

(1)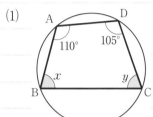

(2)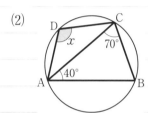

③ 次の四角形 ABCD の中から，円に内接するものを選びなさい。

①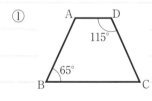

②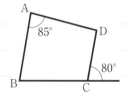

③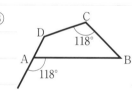

④ 次の図で，AT が円 O の接線のとき，∠x の大きさを求めなさい。

(1)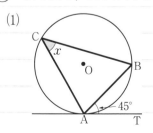

(2)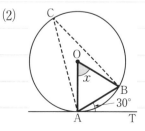

㉓ 接線の長さ・方べきの定理・2つの円 [教科書 p.69〜72]

p.69　**問 5**　右の図の円 O は △ABC の内接円で, D, E, F は
その接点である。x の値を求めなさい。

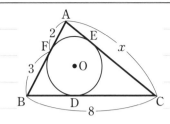

p.70　**問 6**　次の図で, x の値を求めなさい。

(1)

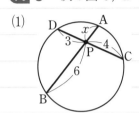

(2)

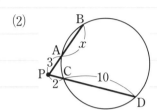

p.71　**問 7**　右の図で, PC が円の接線のとき, x の値を求めなさい。

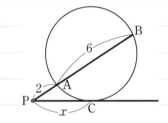

p.72　**問 8**　下の図で, 2つの円 O, O′ の半径がそれぞれ 5 cm, 2 cm で, 中心間の距離を d cm と
するとき, 次の問いに答えなさい。

(ア) 外側にある　　(イ) 外側で接する　　(ウ) 2点で交わる　　(エ) 内側で接する　　(オ) 内側にある

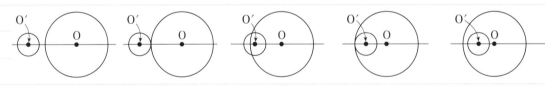

(1)　上の図で, (イ), (エ)の場合について, d の値を求めなさい。

(2)　d の値がどのような範囲にあるとき, 2つの円 O, O′ が2点で交わるか, 不等号を使って
表しなさい。

練習問題

① 右の図の円 O は △ABC の内接円で，D，E，F は
その接点である。x の値を求めなさい。

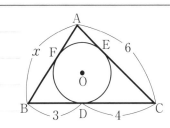

② 次の図で，x の値を求めなさい。

(1)

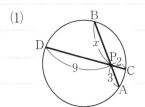

(2)

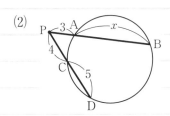

③ 右の図で，PC が円の接線であるとき，x の値を求めなさい。

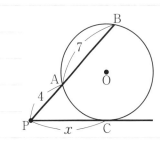

④ 左ページの問 8 の図で，2 つの円 O，O′ の半径がそれぞれ 8 cm，3 cm で，中心間の距離を d cm とするとき，次の問いに答えなさい。

(1) 左ページの問 8 の図で，(イ)・(エ)の場合について，d の値を求めなさい。

(2) d の値がどのような範囲にあるとき，2 つの円 O，O′ が 2 点で交わるか，不等号を使って表しなさい。

Exercise [教科書 p. 73]

1 次の図で，∠x の大きさを求めなさい。

(1)　　　　　　　　　　　　　　　(2)

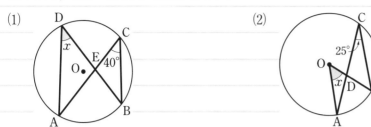

2 次の図で，∠x，∠y の大きさを求めなさい。

(1)　　　　　　　　　　　　　　　(2)

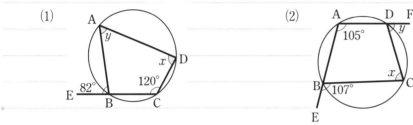

3 次の図で，AT が円 O の接線のとき，∠x の大きさを求めなさい。

(1)　　　　　　　　　　　　　　　(2)

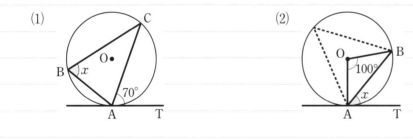

4 次の図の円 O は △ABC の内接円で，D，E，F はその接点である。x の値を求めなさい。

(1)

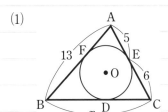

(2)

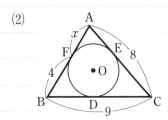

5 次の図で，x の値を求めなさい。

(1)

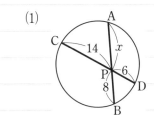

(2)

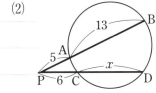

(3)

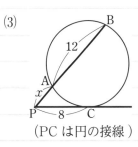

（PC は円の接線）

考えてみよう！ ▶ 右の図で，2 つの円 O，O′ の両方に接している
4 本の直線を，2 つの円の**共通接線**という。2 つの円の位置関係
が 52 ページ問 8 の(イ)～(オ)のそれぞれの場合のとき，共通接線
の本数を調べてみよう。

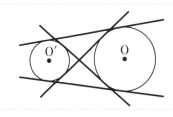

㉔ **基本の作図** [教科書 p. 74〜75]

p.75 **問** 1 次の図の線分 AB の垂直 2 等分線と，中点を作図しなさい。

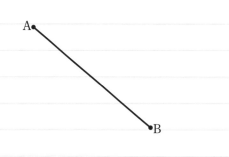

p.75 **問** 2 次の図の点 P から直線 l に引く垂線を作図しなさい。

p.75 **問** 3 次の図の ∠AOB の 2 等分線を作図しなさい。

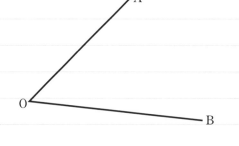

練習問題

① 次の図の線分 AB の垂直 2 等分線と，中点を作図しなさい。

② 次の図の点 P から直線 l に引く垂線を作図しなさい。

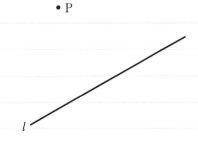

③ 次の図の ∠AOB の 2 等分線を作図しなさい。

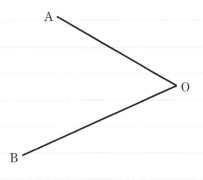

58

㉕ いろいろな作図 [教科書 p.76〜77]

p.76 問 4　次の図で，点 P を通り直線 l と平行な直線を作図しなさい。

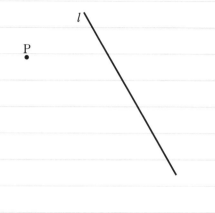

p.77 問 5　次の図の線分 AB を 3 等分する点 C，D を作図しなさい。

A　　　　　　　　　　　　　　　　　　　B

練習問題

① 次の図で，点Pを通り直線 *l* と平行な直線を作図しなさい。

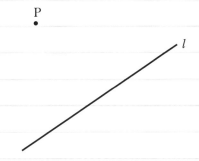

② 次の図の線分ABを3等分する点C，Dを作図しなさい。

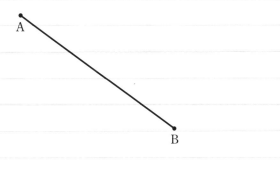

検

㉖三角形の外心・内心・重心の作図 [教科書 p. 78〜79]

p.78　問 6　次の図の △ABC の外心を求めなさい。

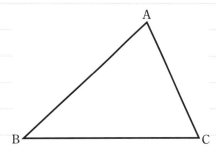

p.78　問 7　次の図の △ABC の内心を求めなさい。

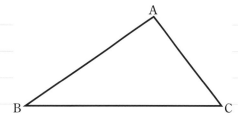

p.79　問 8　次の図の △ABC の重心を求めなさい。

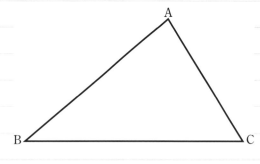

Exercise [教科書 p. 79]

1 下の図は，ある遺跡から出土した円形の土器の一部である。土器の外周上の 3 点 A，B，C から △ABC の外心を求め，土器のもとの大きさの円をかきなさい。

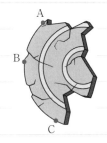

考えてみよう！　△ABC の 3 つの頂点から対辺に引いた垂線は，

右の図のように 1 点で交わることが知られている。

この点を △ABC の**垂心**という。

下に三角形をかき，定規とコンパスを用いて，

上のことを確かめてみよう。

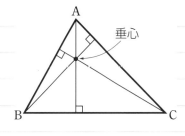

㉗ 空間における直線と平面 [教科書 p. 80～83]

p.80　**問 1**　次の(ア)～(エ)の中から，1つの平面を決定するものを選びなさい。

　(ア)　同じ直線上にある3点　　　(イ)　平行な2直線

　(ウ)　空間内の1点で交わる3直線　(エ)　空間内の4点

p.81　**問 2**　右の図の立方体で，次の2直線のつくる角を求めなさい。

　(1)　直線 AB と直線 CG

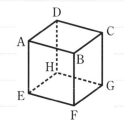

　(2)　直線 BD と直線 EF

p.82　**問 3**　右の図の立方体で，次の2平面のつくる角を求めなさい。

　(1)　平面 BDHF と平面 BFGC

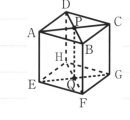

　(2)　平面 BDHF と平面 ABCD

p.83　**問 4**　右の図の直方体で，次の平面をすべて求めなさい。

　(1)　直線 BC と平行な平面

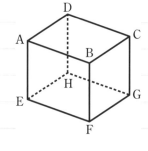

　(2)　直線 BC と垂直な平面

練習問題

① 次の(ア)～(エ)の中から，1つの平面を決定するものを選びなさい。

(ア) 空間内の2点

(イ) 空間内の1点で交わる2直線

(ウ) 平行な2直線

(エ) 一直線上にない4点

② 右の図の立方体で，次の2直線のつくる角を求めなさい。

(1) 直線 AE と直線 CD

(2) 直線 EF と直線 AC

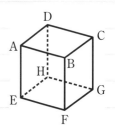

③ 右の図の立方体で，次の2平面のつくる角を求めなさい。

(1) 平面 ACGE と平面 AEHD

(2) 平面 ACGE と平面 EFGH

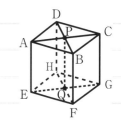

④ 右の図の直方体で，次の平面をすべて求めなさい。

(1) 直線 AB と平行な平面

(2) 直線 BF と垂直な平面

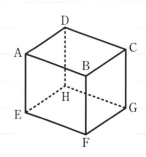

検

28 多面体 [教科書 p.84～85]

p.85 問 5 五角柱と四角錐について，$v - e + f$ の値を求めなさい。

p.85 問 6 正多面体について，次の表を完成させなさい。

	頂点の数 v	辺の数 e	面の数 f	$v - e + f$
正四面体	4		4	
正六面体				
正八面体				
正十二面体			12	
正二十面体	12	30	20	

正四面体　　　正六面体　　　正八面体　　　正十二面体　　　正二十面体

練習問題

① 　右の図の立方体 ABCD − EFGH で，点 L, M, N は，それぞれ辺 AB，AD，AE の中点である。この立方体から三角錐 ALMN を切り取った残りの立体について，$v - e + f$ の値を求めなさい。

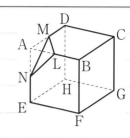

66

㉙ 数の歴史 [教科書 p. 88〜91]

p.88 **問** 1　エジプトの記数法で表された次の数を，現在の記数法で表しなさい。

(1) ＠＠＠＠∩∩∩∩∩∩∣∣∣∣

(2) 𓏤𓏤𓏤𓏤 ＠＠＠＠ ∩∩∩∣∣∣∣∣

p.88 **問** 2　次の数をエジプトの記数法で表しなさい。

(1) 136

(2) 2358

p.89 **問** 3　次の数をバビロニアの記数法で表しなさい。

(1) 36

(2) 184

p.91 **問** 4　世界の最高峰エベレストの高さは，8848 m である。

8848 を 10^n を使った式で表しなさい。

p.91 **問** 5　次の数を 10^n を使った式で表しなさい。

(1) 482

(2) 309

(3) 6025

練習問題

① エジプトの記数法で表された次の数を，現在の記数法で表しなさい。

(1) ⊚⊚⊚⊚⊚∩‖

(2) 𓀀⊚⊚⊚∩‖‖

② 次の数をエジプトの記数法で表しなさい。

(1) 214

(2) 1325

③ 次の数をバビロニアの記数法で表しなさい。

(1) 42

(2) 151

④ 日本で 2 番目に高い山である北岳の標高は，3193 m である。

3193 を 10^n を使った式で表しなさい。

⑤ 次の数を 10^n を使った式で表しなさい。

(1) 187

(2) 777

(3) 2763

検

㉚ 2進法とコンピュータ [教科書 p. 92〜95]

p.92 **問** 6 次の数を10進法で表しなさい。

(1) $1110_{(2)}$

(2) $10011_{(2)}$

(3) $11101_{(2)}$

p.93 **問** 7 10進法で表された次の数を2進法で表しなさい。

(1) 15　　　　　　　　　　　　(2) 28

(3) 30　　　　　　　　　　　　(4) 52

p.94 **問** 8 2進法で，次のたし算をしなさい。

(1) $11_{(2)} + 110_{(2)}$

(2) $1001_{(2)} + 1111_{(2)}$

p.94 **問** 9 数を表す装置で，次の図のように電球がついたときの数を10進法で表しなさい。

練習問題

① 次の数を 10 進法で表しなさい。

(1) $1011_{(2)}$

(2) $10110_{(2)}$

(3) $101010_{(2)}$

② 10 進法で表された次の数を 2 進法で表しなさい。

(1) 18　　　　　　　　　　　　　　(2) 24

(3) 38　　　　　　　　　　　　　　(4) 43

③ 2 進法で，次のたし算をしなさい。

(1) $11_{(2)} + 111_{(2)}$

(2) $1011_{(2)} + 1110_{(2)}$

④ 数を表す装置で，次の図のように電球がついたときの数を 10 進法で表しなさい。

検

㉛ 約数と倍数・公約数と最大公約数 [教科書 p. 98〜99]

p.98 　問 10　次の数の約数をすべて求めなさい。

　(1)　16

　(2)　24

　(3)　25

　(4)　36

p.98 　問 11　次の倍数をすべて求めなさい。

　(1)　40 以下の 7 の倍数

　(2)　50 以下の 8 の倍数

p.99 　問 12　次の 2 辺をもつ長方形をしきつめる最大の正方形の 1 辺の長さを求めなさい。

　(1)　縦 27，横 45　　　　　　　　　(2)　縦 28，横 42

練習問題

① 次の数の約数をすべて求めなさい。

(1) 21

(2) 28

(3) 32

(4) 35

② 次の倍数をすべて求めなさい。

(1) 40 以下の 5 の倍数

(2) 50 以下の 9 の倍数

③ 次の 2 辺をもつ長方形をしきつめる最大の正方形の 1 辺の長さを求めなさい。

(1) 縦 24，横 54

(2) 縦 26，横 65

検

㉜ユークリッドの互除法 ［教科書 p. 100～103］

p.100 **問 13** 右の図は，縦 12，横 28 の長方形を最大の正方形でしきつめた図である。

次の $\square$ にあてはまる数を入れなさい。

$28 = 12 \times \square + \square$

$12 = 4 \times \square$

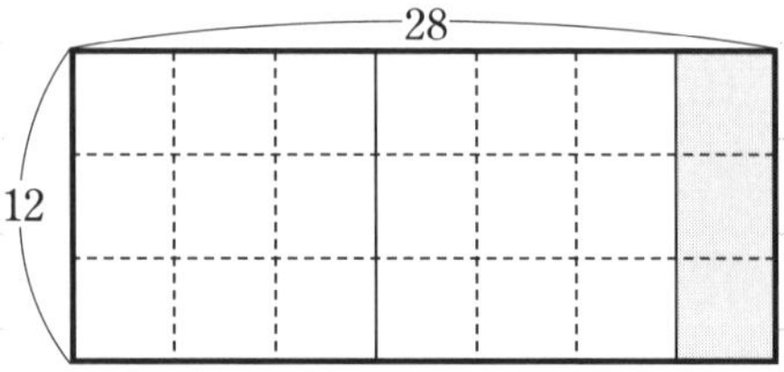

p.101 **問 14** 図を用いて，次の長方形をしきつめる最大の正方形を見つけなさい。

(1)

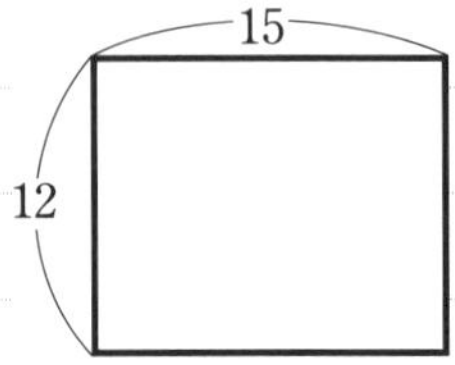

(2)

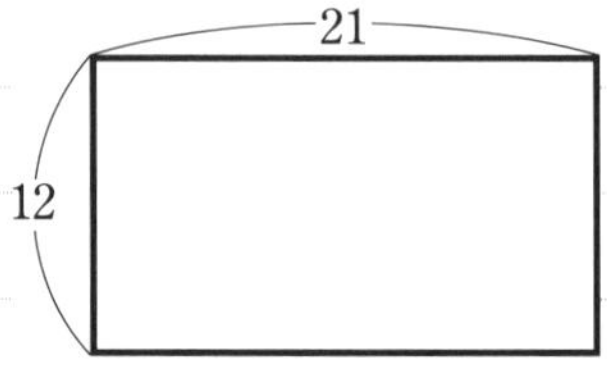

p.102 **問 15** 15 と 42 の最大公約数を求めるとき，次の $\square$ にあてはまる数を入れなさい。

$42 = 15 \times \square + \square$

$15 = \square \times \square + \square$

$\square = \square \times \square$

よって，15 と 42 の最大公約数は $\square$ である。

p.102 **問 16** 上の問 15 にならって，次の 2 つの数の最大公約数を求めなさい。

(1) 18，30　　　(2) 20，35

p.103 問 17　互除法を用いて，次の 2 つの数の最大公約数を求めなさい。

(1)　816, 240

(2)　864, 378

p.103 問 18　次の 2 辺をもつ長方形をしきつめる最大の正方形の 1 辺の長さを互除法を用いて求めなさい。

(1)　縦 840, 横 315

(2)　縦 924, 横 336

練習問題

① 互除法を用いて，次の 2 つの数の最大公約数を求めなさい。

(1)　462, 330

(2)　748, 272

(3)　855, 665

(4)　864, 360

検

㉝ 図形と人間・相似と測定 [教科書 p. 104〜107]

p.105 問 1　右の図のような四角形 ABCD の土地がある。この四角形と面積が等しい三角形を，次の①，②を参考にしてつくりなさい。

① BC を延長する。

② D を通って AC に平行な直線を引き，BC の延長との交点を E とする。

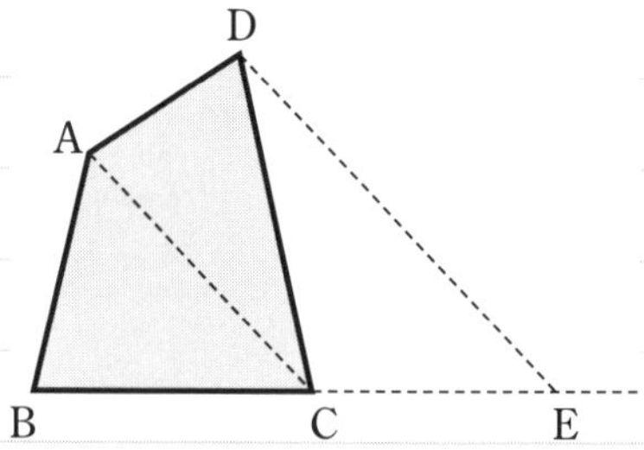

p.105 問 2　次の図で，色をつけた部分の土地の面積を求めなさい。

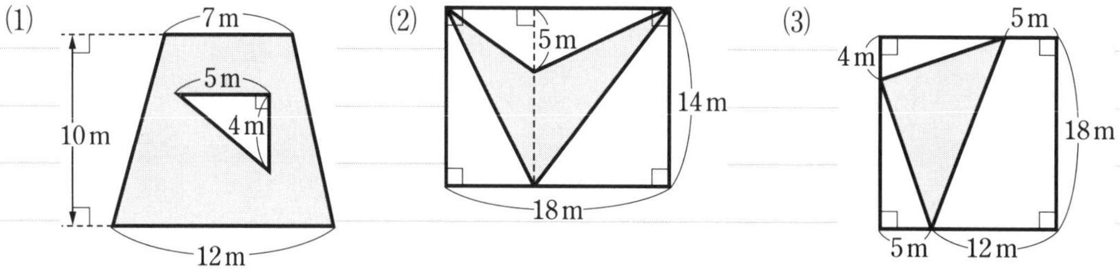

p.107 問 3　直径が 2m の丸い井戸（いど）がある。長さ 1m の棒を井戸の縁（ふち）に右の図のように立て，棒の先端 A から井戸の水際の点 D をみた。右の図で BC＝0.4m のとき，井戸の水面までの深さ DE を求めなさい。

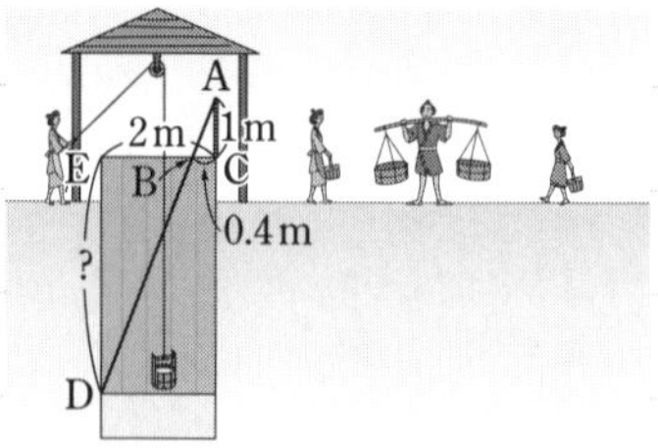

練習問題

① 右の図のような土地(ア), (イ)がある。

(ア), (イ)のそれぞれの土地の面積を変えずに, 地点 A を通り,

まっすぐな境界線を引きなさい。

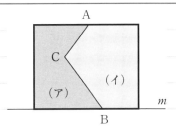

② 次の図で, 色をつけた部分の土地の面積を求めなさい。

(1)

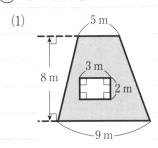

(2)

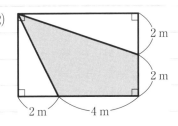

③ 右の図で, 木の陰 BC は 3.6 m, 身長 1.6 m の人の影 EF は

1.2 m である。木の高さ AC を求めなさい。

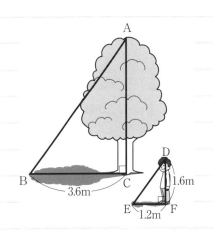

検

㉞座標の考え方 [教科書 p. 110〜113]

p.111 問 4 　次の点を右の図に示しなさい。

B(−2, 3)　C(−3, −2)　D(2, −1)

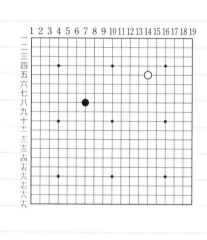

p.111 問 5 　右の図で，「7 八」は黒石●の位置を表している。

白石○の位置を，黒石●の位置の「7 八」を参考にして

答えなさい。

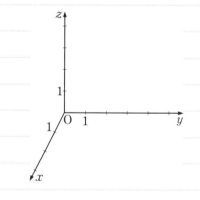

p.113 問 6 　右の図に点 Q(3, 5, 4) を図示しなさい。

p.113 問 7 　点 P(2, 4, 1) にあるドローンが，x 軸，y 軸，z 軸の方向にそれぞれ 1，3，5 だけ移動

した点 Q の座標を求めなさい。

練習問題

① 次の点を右の図に示しなさい。

E(4, 3)　F(−1, 4)　G(−2, −1)　H(3, −2)

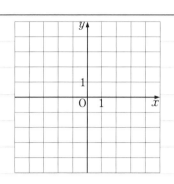

② 右の図で，「4 十五」は黒石●の位置を表している。

白石○の位置を，黒石●の位置の「4 十五」を参考にして

答えなさい。

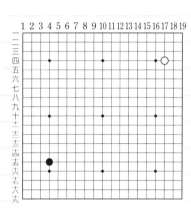

③ 右の図に点 Q(1, 5, 2) を図示しなさい。

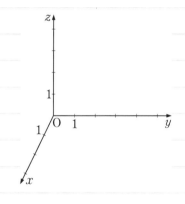

④ 点 P(3, 1, 5) にあるドローンが，x 軸，y 軸，z 軸の方向にそれぞれ 4, 2, 3 だけ移動した

点 Q の座標を求めなさい。

検

素数と素因数分解・平方根の表

1	$\sqrt{1}$	$= 1.0000$
2 （素数）	$\sqrt{2}$	$= 1.4142$
3 （素数）	$\sqrt{3}$	$= 1.7321$
$4 = 2^2$	$\sqrt{4} = \sqrt{2^2}$	$= 2.0000$
5 （素数）	$\sqrt{5}$	$= 2.2361$
$6 = 2\cdot3$	$\sqrt{6} = \sqrt{2}\sqrt{3}$	$= 2.4495$
7 （素数）	$\sqrt{7}$	$= 2.6458$
$8 = 2^3$	$\sqrt{8} = \sqrt{2^3} = 2\sqrt{2}$	$= 2.8284$
$9 = 3^2$	$\sqrt{9} = \sqrt{3^2}$	$= 3.0000$
$10 = 2\cdot5$	$\sqrt{10} = \sqrt{2}\sqrt{5}$	$= 3.1623$
11 （素数）	$\sqrt{11}$	$= 3.3166$
$12 = 2^2\cdot3$	$\sqrt{12} = 2\sqrt{3}$	$= 3.4641$
13 （素数）	$\sqrt{13}$	$= 3.6056$
$14 = 2\cdot7$	$\sqrt{14} = \sqrt{2}\sqrt{7}$	$= 3.7417$
$15 = 3\cdot5$	$\sqrt{15} = \sqrt{3}\sqrt{5}$	$= 3.8730$
$16 = 2^4$	$\sqrt{16} = \sqrt{2^4}$	$= 4.0000$
17 （素数）	$\sqrt{17}$	$= 4.1231$
$18 = 2\cdot3^2$	$\sqrt{18} = 3\sqrt{2}$	$= 4.2426$
19 （素数）	$\sqrt{19}$	$= 4.3589$
$20 = 2^2\cdot5$	$\sqrt{20} = 2\sqrt{5}$	$= 4.4721$
$21 = 3\cdot7$	$\sqrt{21} = \sqrt{3}\sqrt{7}$	$= 4.5826$
$22 = 2\cdot11$	$\sqrt{22} = \sqrt{2}\sqrt{11}$	$= 4.6904$
23 （素数）	$\sqrt{23}$	$= 4.7958$
$24 = 2^3\cdot3$	$\sqrt{24} = 2\sqrt{6}$	$= 4.8990$
$25 = 5^2$	$\sqrt{25} = \sqrt{5^2}$	$= 5.0000$
$26 = 2\cdot13$	$\sqrt{26} = \sqrt{2}\sqrt{13}$	$= 5.0990$
$27 = 3^3$	$\sqrt{27} = 3\sqrt{3}$	$= 5.1962$
$28 = 2^2\cdot7$	$\sqrt{28} = 2\sqrt{7}$	$= 5.2915$
29 （素数）	$\sqrt{29}$	$= 5.3852$
$30 = 2\cdot3\cdot5$	$\sqrt{30} = \sqrt{6}\sqrt{5}$	$= 5.4772$
31 （素数）	$\sqrt{31}$	$= 5.5678$
$32 = 2^5$	$\sqrt{32} = 4\sqrt{2}$	$= 5.6569$
$33 = 3\cdot11$	$\sqrt{33} = \sqrt{3}\sqrt{11}$	$= 5.7446$
$34 = 2\cdot17$	$\sqrt{34} = \sqrt{2}\sqrt{17}$	$= 5.8310$
$35 = 5\cdot7$	$\sqrt{35} = \sqrt{5}\sqrt{7}$	$= 5.9161$
$36 = 2^2\cdot3^2$	$\sqrt{36} = \sqrt{6^2}$	$= 6.0000$
37 （素数）	$\sqrt{37}$	$= 6.0828$
$38 = 2\cdot19$	$\sqrt{38} = \sqrt{2}\sqrt{19}$	$= 6.1644$
$39 = 3\cdot13$	$\sqrt{39} = \sqrt{3}\sqrt{13}$	$= 6.2450$
$40 = 2^3\cdot5$	$\sqrt{40} = 2\sqrt{10}$	$= 6.3246$
41 （素数）	$\sqrt{41}$	$= 6.4031$
$42 = 2\cdot3\cdot7$	$\sqrt{42} = \sqrt{6}\sqrt{7}$	$= 6.4807$
43 （素数）	$\sqrt{43}$	$= 6.5574$
$44 = 2^2\cdot11$	$\sqrt{44} = 2\sqrt{11}$	$= 6.6332$
$45 = 3^2\cdot5$	$\sqrt{45} = 3\sqrt{5}$	$= 6.7082$
$46 = 2\cdot23$	$\sqrt{46} = \sqrt{2}\sqrt{23}$	$= 6.7823$
47 （素数）	$\sqrt{47}$	$= 6.8557$
$48 = 2^4\cdot3$	$\sqrt{48} = 4\sqrt{3}$	$= 6.9282$
$49 = 7^2$	$\sqrt{49} = \sqrt{7^2}$	$= 7.0000$
$50 = 2\cdot5^2$	$\sqrt{50} = 5\sqrt{2}$	$= 7.0711$
$51 = 3\cdot17$	$\sqrt{51} = \sqrt{3}\sqrt{17}$	$= 7.1414$
$52 = 2^2\cdot13$	$\sqrt{52} = 2\sqrt{13}$	$= 7.2111$
53 （素数）	$\sqrt{53}$	$= 7.2801$
$54 = 2\cdot3^3$	$\sqrt{54} = 3\sqrt{6}$	$= 7.3485$
$55 = 5\cdot11$	$\sqrt{55} = \sqrt{5}\sqrt{11}$	$= 7.4162$
$56 = 2^3\cdot7$	$\sqrt{56} = 2\sqrt{14}$	$= 7.4833$
$57 = 3\cdot19$	$\sqrt{57} = \sqrt{3}\sqrt{19}$	$= 7.5498$
$58 = 2\cdot29$	$\sqrt{58} = \sqrt{2}\sqrt{29}$	$= 7.6158$
59 （素数）	$\sqrt{59}$	$= 7.6811$
$60 = 2^2\cdot3\cdot5$	$\sqrt{60} = 2\sqrt{15}$	$= 7.7460$

79

61 （素数）	$\sqrt{61}$	$= 7.8102$
$62 = 2\cdot31$	$\sqrt{62} = \sqrt{2}\sqrt{31}$	$= 7.8740$
$63 = 3^2\cdot7$	$\sqrt{63} = 3\sqrt{7}$	$= 7.9373$
$64 = 2^6$	$\sqrt{64} = \sqrt{8^2}$	$= 8.0000$
$65 = 5\cdot13$	$\sqrt{65} = \sqrt{5}\sqrt{13}$	$= 8.0623$
$66 = 2\cdot3\cdot11$	$\sqrt{66} = \sqrt{6}\sqrt{11}$	$= 8.1240$
67 （素数）	$\sqrt{67}$	$= 8.1854$
$68 = 2^2\cdot17$	$\sqrt{68} = 2\sqrt{17}$	$= 8.2462$
$69 = 3\cdot23$	$\sqrt{69} = \sqrt{3}\sqrt{23}$	$= 8.3066$
$70 = 2\cdot5\cdot7$	$\sqrt{70} = \sqrt{10}\sqrt{7}$	$= 8.3666$
71 （素数）	$\sqrt{71}$	$= 8.4261$
$72 = 2^3\cdot3^2$	$\sqrt{72} = 6\sqrt{2}$	$= 8.4853$
73 （素数）	$\sqrt{73}$	$= 8.5440$
$74 = 2\cdot37$	$\sqrt{74} = \sqrt{2}\sqrt{37}$	$= 8.6023$
$75 = 3\cdot5^2$	$\sqrt{75} = 5\sqrt{3}$	$= 8.6603$
$76 = 2^2\cdot19$	$\sqrt{76} = 2\sqrt{19}$	$= 8.7178$
$77 = 7\cdot11$	$\sqrt{77} = \sqrt{7}\sqrt{11}$	$= 8.7750$
$78 = 2\cdot3\cdot13$	$\sqrt{78} = \sqrt{6}\sqrt{13}$	$= 8.8318$
79 （素数）	$\sqrt{79}$	$= 8.8882$
$80 = 2^4\cdot5$	$\sqrt{80} = 4\sqrt{5}$	$= 8.9443$
$81 = 3^4$	$\sqrt{81} = \sqrt{9^2}$	$= 9.0000$
$82 = 2\cdot41$	$\sqrt{82} = \sqrt{2}\sqrt{41}$	$= 9.0554$
83 （素数）	$\sqrt{83}$	$= 9.1104$
$84 = 2^2\cdot3\cdot7$	$\sqrt{84} = 2\sqrt{21}$	$= 9.1652$
$85 = 5\cdot17$	$\sqrt{85} = \sqrt{5}\sqrt{17}$	$= 9.2195$
$86 = 2\cdot43$	$\sqrt{86} = \sqrt{2}\sqrt{43}$	$= 9.2736$
$87 = 3\cdot29$	$\sqrt{87} = \sqrt{3}\sqrt{29}$	$= 9.3274$
$88 = 2^3\cdot11$	$\sqrt{88} = 2\sqrt{22}$	$= 9.3808$
89 （素数）	$\sqrt{89}$	$= 9.4340$
$90 = 2\cdot3^2\cdot5$	$\sqrt{90} = 3\sqrt{10}$	$= 9.4868$

$91 = 7\cdot13$	$\sqrt{91} = \sqrt{7}\sqrt{13}$	$= 9.5394$
$92 = 2^2\cdot23$	$\sqrt{92} = 2\sqrt{23}$	$= 9.5917$
$93 = 3\cdot31$	$\sqrt{93} = \sqrt{3}\sqrt{31}$	$= 9.6437$
$94 = 2\cdot47$	$\sqrt{94} = \sqrt{2}\sqrt{47}$	$= 9.6954$
$95 = 5\cdot19$	$\sqrt{95} = \sqrt{5}\sqrt{19}$	$= 9.7468$
$96 = 2^5\cdot3$	$\sqrt{96} = 4\sqrt{6}$	$= 9.7980$
97 （素数）	$\sqrt{97}$	$= 9.8489$
$98 = 2\cdot7^2$	$\sqrt{98} = 7\sqrt{2}$	$= 9.8995$
$99 = 3^2\cdot11$	$\sqrt{99} = 3\sqrt{11}$	$= 9.9499$
$100 = 2^2\cdot5^2$	$\sqrt{100} = \sqrt{10^2}$	$= 10.0000$

高校数学Ａ専用スタディノート

表紙デザイン
エッジ・デザインオフィス

● 編　者 —— 実教出版編修部

● 発行者 —— 小田　良次

● 印刷所 —— 株式会社　太　洋　社

● 発行所 —— 実教出版株式会社

〒102-8377
東京都千代田区五番町5
電　話　〈営業〉(03) 3238-7777
　　　　〈編修〉(03) 3238-7785
　　　　〈総務〉(03) 3238-7700
https://www.jikkyo.co.jp/

002402022

ISBN 978-4-407-36031-8

①集合と要素　　　　　　　　　　　p.2

問 1 (1)　$C = \{1,\ 2,\ 4,\ 5,\ 10,\ 20\}$

(2)　$D = \{3,\ 6,\ 9,\ 12,\ 15,\ 18\}$

(3)　$E = \{1,\ 2,\ 3,\ 4,\ 5,\ 6,\ 7,\ 8,\ 9,\ 10\}$

問 2　P の要素 5, 7 は A の要素ではないから，P は A の部分集合ではない。

$Q,\ R$ の要素はすべて A の要素になっているので，$Q,\ R$ は A の部分集合である。

よって　$Q \subset A,\ R \subset A$

問 3　全体集合を U とすると

$U = \{1,\ 2,\ 3,\ 4,\ 5,\ 6,\ 7,\ 8,\ 9,\ 10\}$

$B = \{3,\ 6,\ 9\}$

よって　$\overline{B} = \{1,\ 2,\ 4,\ 5,\ 7,\ 8,\ 10\}$

問 4 (1)　$A \cap B = \{3,\ 5\}$

$A \cup B = \{1,\ 2,\ 3,\ 5,\ 7,\ 8,\ 9\}$

(2)　$A \cap B = \{4,\ 8,\ 12\}$

$A \cup B = \{2,\ 4,\ 6,\ 8,\ 10,\ 12\}$

練習問題

① (1)　$F = \{1,\ 2,\ 3,\ 4,\ 6,\ 12\}$

(2)　$G = \{6,\ 8,\ 10,\ 12,\ 14\}$

(3)　$H = \{10,\ 11,\ 12,\ 13,\ 14,\ 15,\ 16,\ 17,\ 18,\ 19,\ 20\}$

② Q の要素 4 は A の要素ではないから，Q は A の部分集合ではない。

$P,\ R$ の要素はすべて A の要素になっているので，$P,\ R$ は A の部分集合である。

よって　$P \subset A,\ R \subset A$

③ 全体集合を U とすると

$U = \{1,\ 2,\ 3,\ 4,\ 5,\ 6,\ 7,\ 8,\ 9,\ 10,\ 11,\ 12,\ 13,\ 14,\ 15\}$

$B = \{4,\ 8,\ 12\}$

よって

$\overline{B} = \{1,\ 2,\ 3,\ 5,\ 6,\ 7,\ 9,\ 10,\ 11,\ 13,\ 14,\ 15\}$

④ (1)　$A \cap B = \{-3,\ 1,\ 3\}$

$A \cup B = \{-3,\ -2,\ -1,\ 1,\ 2,\ 3,\ 5,\ 7\}$

(2)　$A \cap B = \{3\}$

$A \cup B = \{1,\ 3,\ 5,\ 6,\ 7,\ 9,\ 11,\ 13\}$

②集合の要素の個数　　　　　　　　p.4

問 5　$A = \{1,\ 2,\ 3,\ 5,\ 6,\ 10,\ 15,\ 30\}$

よって　$n(A) = 8$

問 6　全体集合を U とすると　$n(U) = 30$

$A = \{5,\ 10,\ 15,\ 20,\ 25,\ 30\}$ だから

$n(A) = 6$

よって　$n(\overline{A}) = n(U) - n(A)$

$= 30 - 6$

$= 24$

問 7　$A = \{3,\ 6,\ 9,\ 12,\ 15,\ 18,\ 21,\ 24,\ 27,\ 30\}$

$B = \{5,\ 10,\ 15,\ 20,\ 25,\ 30\}$ だから

$A \cap B = \{15,\ 30\}$

よって　$n(A) = 10,\ n(B) = 6,\ n(A \cap B) = 2$

したがって

$n(A \cup B) = n(A) + n(B) - n(A \cap B)$

$= 10 + 6 - 2 = 14$

問 8　サッカー中継を見た生徒の集合を A

卓球中継を見た生徒の集合を B　とすると

$n(A) = 25,\ n(B) = 17,\ n(A \cap B) = 10$

よって　$n(A \cup B) = n(A) + n(B) - n(A \cap B)$

$= 25 + 17 - 10 = 32$（人）

練習問題

① $A = \{1,\ 2,\ 4,\ 7,\ 14,\ 28\}$

よって　$n(A) = 6$

② 全体集合を U とすると　$n(U) = 24$

$A = \{4,\ 8,\ 12,\ 16,\ 20,\ 24\}$ だから

$n(A) = 6$

よって　$n(\overline{A}) = n(U) - n(A)$

$= 24 - 6$

$= 18$

③ $A = \{2,\ 4,\ 6,\ 8,\ 10,\ 12,\ 14,\ 16,\ 18,\ 20\}$

$B = \{5,\ 10,\ 15,\ 20\}$ だから

$A \cap B = \{10,\ 20\}$

よって　$n(A) = 10,\ n(B) = 4,\ n(A \cap B) = 2$

したがって

$n(A \cup B) = n(A) + n(B) - n(A \cap B)$

$= 10 + 4 - 2 = 12$

④ テニス中継を見た生徒の集合を A

野球中継を見た生徒の集合を B とすると

$n(A) = 10$, $n(B) = 21$, $n(A \cap B) = 4$

よって $n(A \cup B) = n(A) + n(B) - n(A \cap B)$
$$= 10 + 21 - 4 = 27 \text{(人)}$$

③ 場合の数の求め方　　　　　　　　p.6

問 9　選び方をすべてかき並べると

(A, X), (A, Y), (B, X), (B, Y)

(C, X), (C, Y), (D, X), (D, Y)

よって，選び方は全部で **8 通り**

問 10

	X	Y
A	AX	**AY**
B	**BX**	**BY**
C	**CX**	**CY**
D	**DX**	**DY**

問 11

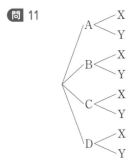

練習問題

① 選び方をすべてかき並べると

(A, X), (A, Y), (A, Z),

(B, X), (B, Y), (B, Z),

(C, X), (C, Y), (C, Z),

(D, X), (D, Y), (D, Z)

よって，選び方は全部で **12 通り**

②

	X	Y	Z
A	AX	**AY**	AZ
B	**BX**	BY	BZ
C	CX	CY	CZ
D	**DX**	DY	DZ

③

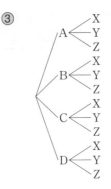

④ 和の法則と積の法則・順列(1)　　　p.8

問 12　(1)　目の数の和が 5 になる場合は 4 通り

あり，目の数の和が 10 になる場合は 3 通りある。

これら 2 つの場合は，同時に起こることはないか

ら，目の数の和が 5 の倍数になる場合の数は

$$4 + 3 = \mathbf{7} \text{(通り)}$$

(2)　目の数の和が 10 になる場合は 3 通り

11 になる場合は 2 通り

12 になる場合は 1 通りある。

これら 3 つの場合は，同時に起こることはないか

ら，目の数の和が 10 以上になる場合の数は

$$3 + 2 + 1 = \mathbf{6} \text{(通り)}$$

問 13　鉄道についての雑誌の選び方は 5 通りあ

り，それぞれについて航空機についての雑誌の選

び方が 4 通りあるから，積の法則より

$$5 \times 4 = \mathbf{20} \text{(通り)}$$

問 14　(1)　${}_8\mathrm{P}_2 = 8 \times 7 = \mathbf{56}$

(2)　${}_5\mathrm{P}_4 = 5 \times 4 \times 3 \times 2 = \mathbf{120}$

(3)　${}_4\mathrm{P}_1 = \mathbf{4}$

(4)　${}_3\mathrm{P}_3 = 3 \times 2 \times 1 = \mathbf{6}$

問 15　6 人の中から 4 人取る順列の総数だから

$${}_6\mathrm{P}_4 = 6 \times 5 \times 4 \times 3 = \mathbf{360} \text{(通り)}$$

練習問題

① (1)　目の数の和が 4 になる場合は 3 通り，8

になる場合は 5 通り，12 になる場合は 1 通りある。

これら 3 つの場合は，同時に起こることはないか

ら，目の数の和が 4 の倍数になる場合の数は

$$3 + 5 + 1 = \mathbf{9} \text{(通り)}$$

(2)　目の数の和が 4 になる場合は 3 通り，3 にな

る場合は 2 通り，2 になる場合は 1 通りある。

これら 3 つの場合は，同時に起こることはないから，目の数の和が 4 以下になる場合の数は

$3 + 2 + 1 = 6$（通り）

② 数学の参考書の選び方は 7 通りあり，それぞれについて英語の参考書の選び方が 8 通りあるから，積の法則より

$7 \times 8 = 56$（通り）

③ (1) $_{10}P_3 = 10 \times 9 \times 8 = 720$

(2) $_6P_4 = 6 \times 5 \times 4 \times 3 = 360$

(3) $_7P_1 = 7$

(4) $_4P_4 = 4 \times 3 \times 2 \times 1 = 24$

④ 5 人の中から 3 人取る順列の総数だから

$_5P_3 = 5 \times 4 \times 3 = 60$（通り）

⑤ 順列(2)   p.10

問 16 (1) $4! = 4 \times 3 \times 2 \times 1 = 24$

(2) $3! \times 6! = (3 \times 2 \times 1) \times (6 \times 5 \times 4 \times 3 \times 2 \times 1)$
$= 6 \times 720 = 4320$

(3) $\dfrac{10!}{7!} = \dfrac{10 \times 9 \times 8 \times 7 \times 6 \times 5 \times 4 \times 3 \times 2 \times 1}{7 \times 6 \times 5 \times 4 \times 3 \times 2 \times 1}$
$= 10 \times 9 \times 8 = 720$

問 17 5 人全員が 1 列に並ぶ順列の総数だから

$5! = 5 \times 4 \times 3 \times 2 \times 1 = 120$（通り）

問 18 両端の先生の並び方は

$_3P_2 = 3 \times 2 = 6$（通り）

この並び方のそれぞれについて，
中の 3 人の生徒の並び方は

$_5P_3 = 5 \times 4 \times 3 = 60$（通り）

よって，求める並び方は

$6 \times 60 = 360$（通り）

問 19 文芸部員 2 人をまとめて 1 人と考えると，写真部員 5 人とあわせた 6 人の並び方は

$6! = 720$（通り）

この並び方のそれぞれについて，
文芸部員 2 人の並び方は $2! = 2$（通り）

よって，求める並び方は

$720 \times 2 = 1440$（通り）

練習問題

① (1) $5! = 5 \times 4 \times 3 \times 2 \times 1 = 120$

(2) $2! \times 4! = (2 \times 1) \times (4 \times 3 \times 2 \times 1)$
$= 2 \times 24 = 48$

(3) $\dfrac{8!}{6!} = \dfrac{8 \times 7 \times 6 \times 5 \times 4 \times 3 \times 2 \times 1}{6 \times 5 \times 4 \times 3 \times 2 \times 1}$
$= 8 \times 7 = 56$

② 7 人全員が 1 列に並ぶ順列の総数だから

$7! = 7 \times 6 \times 5 \times 4 \times 3 \times 2 \times 1 = 5040$（通り）

③ 両端の先生の並び方は

$_3P_2 = 3 \times 2 = 6$（通り）

この並び方のそれぞれについて，
中の 2 人の生徒の並び方は

$_4P_2 = 4 \times 3 = 12$（通り）

よって，求める並び方は

$6 \times 12 = 72$（通り）

④ 美術部員 3 人をまとめて 1 人と考えると，書道部員 5 人とあわせた 6 人の並び方は

$6! = 720$（通り）

この並び方のそれぞれについて，
美術部員 3 人の並び方は $3! = 6$（通り）

よって，求める並び方は

$720 \times 6 = 4320$（通り）

⑥ 円順列・重複順列   p.12

問 20 $(6-1)! = 5! = 120$（通り）

問 21 異なる 4 個のものから 3 個取る重複順列の総数だから $4 \times 4 \times 4 = 64$（個）

問 22 表，裏がくり返し出るから，異なる 2 個のものから 5 個取る重複順列の総数であり

$2 \times 2 \times 2 \times 2 \times 2 = 32$（通り）

練習問題

① $(7-1)! = 6! = 720$（通り）

② 異なる 6 個のものから 3 個取る重複順列の総数だから $6 \times 6 \times 6 = 216$（個）

③ 表，裏がくり返し出るから，異なる 2 個のものから 4 個取る重複順列の総数であり

$2 \times 2 \times 2 \times 2 = 16$（通り）

⑦ 組合せ(1)   p.14

問 23 (1) $_5C_2 = \dfrac{5 \times 4}{2 \times 1} = 10$

(2) $_8C_3 = \dfrac{8 \times 7 \times 6}{3 \times 2 \times 1} = 56$

(3) $_6C_2 = \dfrac{6 \times 5}{2 \times 1} = 15$

(4) $_6C_4 = \dfrac{6 \times 5 \times 4 \times 3}{4 \times 3 \times 2 \times 1} = 15$

(5) $_7C_1 = \dfrac{7}{1} = 7$

(6) $_4C_4 = \dfrac{4 \times 3 \times 2 \times 1}{4 \times 3 \times 2 \times 1} = 1$

問 24 (1) 8種類の中から2種類を選ぶ組合せだから

$_8C_2 = \dfrac{8 \times 7}{2 \times 1} = 28$（通り）

(2) 10人の中から3人を選ぶ組合せだから

$_{10}C_3 = \dfrac{10 \times 9 \times 8}{3 \times 2 \times 1}) = 120$（通り）

(3) 9問の中から5問を選ぶ組合せだから

$_9C_5 = \dfrac{9 \times 8 \times 7 \times 6 \times 5}{5 \times 4 \times 3 \times 2 \times 1} = 126$（通り）

問 25 (1) 8個の点から4個選ぶと四角形が1個できる。

$_8C_4 = \dfrac{8 \times 7 \times 6 \times 5}{4 \times 3 \times 2 \times 1} = 70$（個）

(2) 8個の点から5個選ぶと五角形が1個できる。

$_8C_5 = \dfrac{8 \times 7 \times 6 \times 5 \times 4}{5 \times 4 \times 3 \times 2 \times 1} = 56$（個）

練習問題

① (1) $_8C_4 = \dfrac{8 \times 7 \times 6 \times 5}{4 \times 3 \times 2 \times 1} = 70$

(2) $_{10}C_2 = \dfrac{10 \times 9}{2 \times 1} = 45$

(3) $_9C_3 = \dfrac{9 \times 8 \times 7}{3 \times 2 \times 1} = 84$

(4) $_9C_6 = \dfrac{9 \times 8 \times 7 \times 6 \times 5 \times 4}{6 \times 5 \times 4 \times 3 \times 2 \times 1} = 84$

(5) $_6C_1 = \dfrac{6}{1} = 6$

(6) $_5C_5 = \dfrac{5 \times 4 \times 3 \times 2 \times 1}{5 \times 4 \times 3 \times 2 \times 1} = 1$

② (1) 10種類の中から4種類を選ぶ組合せだから

$_{10}C_4 = \dfrac{10 \times 9 \times 8 \times 7}{4 \times 3 \times 2 \times 1} = 210$（通り）

(2) 20人の中から2人を選ぶ組合せだから

$_{20}C_2 = \dfrac{20 \times 19}{2 \times 1} = 190$（通り）

(3) 11問の中から4問を選ぶ組合せだから

$_{11}C_4 = \dfrac{11 \times 10 \times 9 \times 8}{4 \times 3 \times 2 \times 1} = 330$（通り）

③ (1) 5個の点から3個選ぶと三角形が1個できる。

$_5C_3 = \dfrac{5 \times 4 \times 3}{3 \times 2 \times 1} = 10$（個）

(2) 5個の点から4個選ぶと五角形が1個できる。

$_5C_4 = \dfrac{5 \times 4 \times 3 \times 2}{4 \times 3 \times 2 \times 1} = 5$（個）

⑧ 組合せ(2) p.16

問 26 A組2人の選び方は

$_6C_2 = \dfrac{6 \times 5}{2 \times 1} = 15$（通り）

この選び方のそれぞれについて，B組3人の選び方は

$_5C_3 = \dfrac{5 \times 4 \times 3}{3 \times 2 \times 1} = 10$（通り）

よって，求める選び方は

$15 \times 10 = 150$（通り）

問 27 横の平行線の中から2本，縦の平行線の中から2本をそれぞれ選ぶと長方形が1個できる。よって，求める個数は

$_4C_2 \times _6C_2 = \dfrac{4 \times 3}{2 \times 1} \times \dfrac{6 \times 5}{2 \times 1} = 90$（個）

問 28 (1) $_7C_5 = _7C_2 = \dfrac{7 \times 6}{2 \times 1} = 21$

(2) $_{10}C_7 = _{10}C_3 = \dfrac{10 \times 9 \times 8}{3 \times 2 \times 1} = 120$

(3) $_{12}C_{10} = _{12}C_2 = \dfrac{12 \times 11}{2 \times 1} = 66$

(4) $_{100}C_{99} = _{100}C_1 = 100$

問 29 (1) この道路で上へ1区画進むことを↑，右へ1区画進むことを→で表すと，最短経路の道順は，4個の↑と5個の→を1列に並べることで示される。

これは9個の場所のうちの4個に↑を入れることである。

よって，道順の総数を求めるには，9個の場所のうち，↑を入れる4個を決めればよいから

$_9C_4 = 126$（通り）

(2) 5個の場所のうち，↑を入れる2個を決めればよいから

$_5C_2 = 10$（通り）

(3) 4個の場所のうち，↑を入れる2個を決めればよいから

$_4C_2 = 6$（通り）

(4) (2)よりA地点からP地点までは10通り，(3)よりP地点からB地点までは6通りだから

$10 \times 6 = 60$（通り）

4

練習問題

① A 組 2 人の選び方は

$$_3C_2 = \frac{3 \times 2}{2 \times 1} = 3 \, (通り)$$

この選び方のそれぞれについて，B 組 2 人の選び方は

$$_5C_2 = \frac{5 \times 4}{2 \times 1} = 10 \, (通り)$$

よって，求める選び方は

$$3 \times 10 = 30 \, (通り)$$

② 横の平行線の中から 2 本，縦の平行線の中から 2 本をそれぞれ選ぶと長方形が 1 個できる。

よって，求める個数は

$$_5C_2 \times _6C_2 = \frac{5 \times 4}{2 \times 1} \times \frac{6 \times 5}{2 \times 1} = 150 \, (個)$$

③ (1) $_8C_6 = _8C_2 = \dfrac{8 \times 7}{2 \times 1} = 28$

(2) $_9C_8 = _9C_1 = 9$

(3) $_{14}C_{12} = _{14}C_2 = \dfrac{14 \times 13}{2 \times 1} = 91$

(4) $_{100}C_{98} = _{100}C_2 = \dfrac{100 \times 99}{2 \times 1} = 4950$

④ (1) この道路で上へ 1 区画進むことを↑，右へ 1 区画進むことを→で表すと，最短経路の道順は，4 個の↑と 6 個の→を 1 列に並べることで示される。

これは 10 個の場所のうちの 4 個に↑を入れることである。

よって，道順の総数を求めるには，10 個の場所のうち，↑を入れる 4 個を決めればよいから

$$_{10}C_4 = 210 \, (通り)$$

(2) 4 個の場所のうち，↑を入れる 2 個を決めればよいから

$$_4C_2 = 6 \, (通り)$$

(3) 6 個の場所のうち，↑を入れる 2 個を決めればよいから

$$_6C_2 = 15 \, (通り)$$

(4) (2)より A 地点から P 地点までは 6 通り，
(3)より P 地点から B 地点までは 15 通りだから

$$6 \times 15 = 90 \, (通り)$$

Exercise p.18

1 $A = \{\, 1,\ 3,\ 5,\ 7,\ 9,\ 11,\ 13,\ 15,\ 17,\ 19 \,\}$
$B = \{\, 3,\ 6,\ 9,\ 12,\ 15,\ 18 \,\}$
全体集合を U とする。

(1) $n(\overline{A}) = n(U) - n(A) = 20 - 10 = \mathbf{10}$

(2) $A \cap B = \{\, 3,\ 9,\ 15 \,\}$ から
$n(A \cap B) = \mathbf{3}$

(3) $n(A \cup B) = n(A) + n(B) - n(A \cap B)$
$\qquad = 10 + 6 - 3 = \mathbf{13}$

(4) $A \cap \overline{B} = \{\, 1,\ 5,\ 7,\ 11,\ 13,\ 17,\ 19 \,\}$ から
$n(A \cap \overline{B}) = \mathbf{7}$

また $n(\overline{B}) = n(U) - n(B) = 20 - 6 = 14$
よって
$$n(A \cup \overline{B}) = n(A) + n(\overline{B}) - n(A \cap \overline{B})$$
$$= 10 + 14 - 7 = \mathbf{17}$$

2 (1) 異なる 6 個から 4 個取る順列の総数だから

$$_6P_4 = 6 \times 5 \times 4 \times 3 = 360 \, (個)$$

(2) 一の位は 5，残りの 5 枚から 3 枚取って千，百，十の位に並べればよいから

$$_5P_3 = 5 \times 4 \times 3 = 60 \, (個)$$

3 両端の合唱部員の並び方は

$$_5P_2 = 5 \times 4 = 20 \, (通り)$$

この並び方のそれぞれについて，
中の 2 人の吹奏楽部員の並び方は

$$_6P_2 = 6 \times 5 = 30 \, (通り)$$

よって，求める並び方は

$$20 \times 30 = 600 \, (通り)$$

4 (1) 9 個から 2 個取る組合せの総数だから

$$_9C_2 = \frac{9 \times 8}{2 \times 1} = 36 \, (通り)$$

(2) 2 つの数の和が奇数になる場合は
（奇数）と（偶数）の組合せだから

$$_5C_1 \times _4C_1 = 5 \times 4 = 20 \, (通り)$$

(3) 2 つの数の積が偶数になる場合は，全体の場合の数から 2 つの数の積が奇数になる場合をひけばよい。2 つの数の積が奇数になる場合は
（奇数）と（奇数）の組合せだから

$$_5C_2 = \frac{5 \times 4}{2 \times 1} = 10 \, (通り)$$

よって $36 - 10 = 26 \, (通り)$

5

考 (1)　異なる 6 個から 3 個取る順列の総数だから

$$_6P_3 = 6 \times 5 \times 4 = 120 \,（通り）$$

(2)　異なる 6 個から 3 個取る組合せの総数だから

$$_6C_3 = \frac{6 \times 5 \times 4}{3 \times 2 \times 1} = 20 \,（通り）$$

(3)　1 番目に「こころ」を読むので，2 番目，3 番目は「こころ」以外の 5 冊の中から 2 冊取る順列だから

$$_5P_2 = 5 \times 4 = 20 \,（通り）$$

(4)　「こころ」はすでに選ばれていると考えて，残り 5 冊の中から 2 冊選ぶと考えればよいから

$$_5C_2 = \frac{5 \times 4}{2 \times 1} = 10 \,（通り）$$

⑨ 試行と事象・確率の求め方(1)　p.20

問 1　(1)　$B = \{\,1,\ 3,\ 5\,\}$

(2)　$C = \{\,1,\ 2\,\}$

問 2　目の出方は，全部で　1，2，3，4，5，6
の 6 通りある。

(1)　4 以上の目になる場合は　4，5，6
の 3 通りである。

よって，求める確率は

$$\frac{3}{6} = \frac{1}{2}$$

(2)　3 の倍数の目になる場合は　3，6
の 2 通りである。

よって，求める確率は

$$\frac{2}{6} = \frac{1}{3}$$

問 3　2 枚の硬貨の表裏の出方は全部で
（表，表），（表，裏），（裏，表），（裏，裏）
の 4 通りある。

(1)　2 枚とも表が出る場合は
（表，表）の 1 通りである。

よって，求める確率は

$$\frac{1}{4}$$

(2)　2 枚とも裏が出る場合は
（裏，裏）の 1 通りである。

よって，求める確率は

$$\frac{1}{4}$$

練習問題

① (1)　$D = \{\,5,\ 6\,\}$

(2)　$E = \{\,1,\ 2,\ 3\,\}$

② 目の出方は，全部で　1，2，3，4，5，6
の 6 通りある。

(1)　3 以上の目になる場合は　3，4，5，6
の 4 通りである。

よって，求める確率は

$$\frac{4}{6} = \frac{2}{3}$$

(2)　4 の約数の目になる場合は　1，2，4
の 3 通りである。

よって，求める確率は

$$\frac{3}{6} = \frac{1}{2}$$

③ 2 枚の硬貨の表裏の出方は全部で
（表，表），（表，裏），（裏，表），（裏，裏）
の 4 通りある。

1 枚だけ裏が出る場合は
（表，裏），（裏，表）の 2 通りである。

よって，求める確率は

$$\frac{2}{4} = \frac{1}{2}$$

⑩ 確率の求め方(2)　p.22

問 4　2 個のさいころの目の出方は，全部で

$$6 \times 6 = 36 \,（通り）$$

(1)　目の数の和が 7 になるのは，目の出方を
（大，小）で表すと

　　(1, 6)，(2, 5)，(3, 4)，(4, 3)，(5, 2)，(6, 1)
の 6 通りである。

よって，求める確率は

$$\frac{6}{36} = \frac{1}{6}$$

(2)　目の数が同じになるのは，目の出方を
（大，小）で表すと

　　(1, 1)，(2, 2)，(3, 3)，(4, 4)，(5, 5)，(6, 6)
の 6 通りである。

よって，求める確率は

$$\frac{6}{36} = \frac{1}{6}$$

問 5

	10 円	100 円	500 円
3 枚とも表	○	○	○
2 枚が表 1 枚が裏	○	○	×
	○	×	○
	×	○	○
1 枚が表 2 枚が裏	○	×	×
	×	○	×
	×	×	○
3 枚とも裏	×	×	×

○は表，×は裏

(1) 上の表より，3 枚とも表が出る場合は 1 通り

よって，求める確率は $\dfrac{1}{8}$

(2) 上の表より，2 枚が表で 1 枚は裏が出る場合は 3 通り

よって，求める確率は $\dfrac{3}{8}$

(3) 上の表より，1 枚が表で 2 枚は裏が出る場合は 3 通り

よって，求める確率は $\dfrac{3}{8}$

練習問題

① 2 個のさいころの目の出方は，全部で
$6 \times 6 = 36$（通り）

(1) 目の数の和が 5 になるのは，目の出方を（大，小）で表すと
(1, 4), (2, 3), (3, 2), (4, 1)
の 4 通りである。

よって，求める確率は
$\dfrac{4}{36} = \dfrac{1}{9}$

(2) 目の数が 10 以上になるのは，目の出方を（大，小）で表すと
(4, 6), (5, 5), (5, 6), (6, 4), (6, 5), (6, 6)
の 6 通りである。

よって，求める確率は
$\dfrac{6}{36} = \dfrac{1}{6}$

(3) 目の数の積が 4 になるのは，目の出方を（大，小）で表すと
(1, 4), (2, 2), (4, 1)
の 3 通りである。

よって，求める確率は
$\dfrac{3}{36} = \dfrac{1}{12}$

(4) 目の数の積が 20 以上になるのは，目の出方を（大，小）で表すと
(4, 5), (4, 6), (5, 4), (5, 5), (5, 6),
(6, 4), (6, 5), (6, 6)
の 8 通りである。

よって，求める確率は
$\dfrac{8}{36} = \dfrac{2}{9}$

② 硬貨の表裏の出方は，全部で 8 通り

このうち，3 枚とも裏が出る場合は 1 通り

よって，求める確率は $\dfrac{1}{8}$

③ 硬貨の表裏とさいころの目の出方は，全部で
$2 \times 6 = 12$（通り）

(1) 硬貨は表が出て，さいころは偶数の目が出るのは
（表，2），（表，4），（表，6）
の 3 通りである。

よって，求める確率は $\dfrac{3}{12} = \dfrac{1}{4}$

(2) 硬貨は裏が出て，さいころは 5 以上の目が出るのは
（裏，5），（裏，6）
の 2 通りである。

よって，求める確率は $\dfrac{2}{12} = \dfrac{1}{6}$

⑪ 組合せを利用する確率(1)   p.24

問 6 12 本のくじの中から 2 本引く組合せの総数は
$$_{12}C_2 = \dfrac{12 \times 11}{2 \times 1} = 66 \text{（通り）}$$

(1) 当たりくじ 4 本の中から 2 本引く組合せの総数は
$$_4C_2 = \dfrac{4 \times 3}{2 \times 1} = 6 \text{（通り）}$$

よって，求める確率は $\dfrac{6}{66} = \dfrac{1}{11}$

(2) はずれくじ 8 本の中から 2 本引く組合せの総数は
$$_8C_2 = \dfrac{8 \times 7}{2 \times 1} = 28 \text{（通り）}$$

よって，求める確率は $\dfrac{28}{66} = \dfrac{14}{33}$

7

問 7 8枚のカードの中から3枚引く組合せの総数は

$$_8C_3 = \frac{8 \times 7 \times 6}{3 \times 2 \times 1} = 56\,(通り)$$

このうち，偶数のカード4枚の中から3枚引く組合せの総数は

$$_4C_3 = \frac{4 \times 3 \times 2}{3 \times 2 \times 1} = 4\,(通り)$$

よって，求める確率は $\dfrac{4}{56} = \dfrac{1}{14}$

練習問題

① 15本のくじの中から2本引く組合せの総数は

$$_{15}C_2 = \frac{15 \times 14}{2 \times 1} = 105\,(通り)$$

(1) 当たりくじ5本の中から2本引く組合せの総数は

$$_5C_2 = \frac{5 \times 4}{2 \times 1} = 10\,(通り)$$

よって，求める確率は $\dfrac{10}{105} = \dfrac{2}{21}$

(2) はずれくじ10本の中から2本引く組合せの総数は

$$_{10}C_2 = \frac{10 \times 9}{2 \times 1} = 45\,(通り)$$

よって，求める確率は $\dfrac{45}{105} = \dfrac{3}{7}$

② 10枚のカードの中から3枚引く組合せの総数は

$$_{10}C_3 = \frac{10 \times 9 \times 8}{3 \times 2 \times 1} = 120\,(通り)$$

このうち，奇数のカード5枚の中から3枚引く組合せの総数は

$$_5C_3 = \frac{5 \times 4 \times 3}{3 \times 2 \times 1} = 10\,(通り)$$

よって，求める確率は $\dfrac{10}{120} = \dfrac{1}{12}$

⑫組合せを利用する確率(2)　　　p.26

問 8 7個の玉の中から2個取り出す組合せの総数は

$$_7C_2 = \frac{7 \times 6}{2 \times 1} = 21\,(通り)$$

(1) 赤玉3個の中から2個取り出す組合せの総数は

$$_3C_2 = \frac{3 \times 2}{2 \times 1} = 3\,(通り)$$

よって，求める確率は $\dfrac{3}{21} = \dfrac{1}{7}$

(2) 白玉4個の中から2個取り出す組合せの総数は

$$_4C_2 = \frac{4 \times 3}{2 \times 1} = 6\,(通り)$$

よって，求める確率は $\dfrac{6}{21} = \dfrac{2}{7}$

(3) 赤玉3個の中から1個取り出し，白玉4個の中から1個取り出す組合せの総数は

$$_3C_1 \times _4C_1 = 3 \times 4 = 12\,(通り)$$

よって，求める確率は $\dfrac{12}{21} = \dfrac{4}{7}$

練習問題

① 10個の玉の中から3個取り出す組合せの総数は

$$_{10}C_3 = \frac{10 \times 9 \times 8}{3 \times 2 \times 1} = 120\,(通り)$$

(1) 赤玉6個の中から3個取り出す組合せの総数は

$$_6C_3 = \frac{6 \times 5 \times 4}{3 \times 2 \times 1} = 20\,(通り)$$

よって，求める確率は $\dfrac{20}{120} = \dfrac{1}{6}$

(2) 赤玉6個の中から1個取り出し，白玉4個の中から2個取り出す組合せの総数は

$$_6C_1 \times _4C_2 = 6 \times \frac{4 \times 3}{2 \times 1} = 36\,(通り)$$

よって，求める確率は $\dfrac{36}{120} = \dfrac{3}{10}$

(3) 赤玉6個の中から2個取り出し，白玉4個の中から1個取り出す組合せの総数は

$$_6C_2 \times _4C_1 = \frac{6 \times 5}{2 \times 1} \times 4 = 60\,(通り)$$

よって，求める確率は $\dfrac{60}{120} = \dfrac{1}{2}$

⑬排反事象の確率　　　p.28

問 9 6である確率は $\dfrac{1}{6}$，奇数である確率は $\dfrac{3}{6}$

2つの事象は排反事象であるから，求める確率は

$$\frac{1}{6} + \frac{3}{6} = \frac{2}{3}$$

問 10 9個の玉の中から2個取り出す組合せの総数は

$$_9C_2 = \frac{9 \times 8}{2 \times 1} = 36\,(通り)$$

「2個とも赤玉である」事象を A
「2個とも白玉である」事象を B
とすると

$$P(A) = \frac{{}_5C_2}{36} = \frac{10}{36} \quad P(B) = \frac{{}_4C_2}{36} = \frac{6}{36}$$

「2個とも同じ色である」事象は和事象 $A \cup B$ であり，A と B は排反事象であるから，求める確率は

$$P(A \cup B) = P(A) + P(B)$$
$$= \frac{10}{36} + \frac{6}{36}$$
$$= \frac{16}{36} = \frac{4}{9}$$

練習問題

① 3である確率は $\frac{1}{8}$，4の倍数である確率は $\frac{2}{8}$ 2つの事象は排反事象であるから，求める確率は

$$\frac{1}{8} + \frac{2}{8} = \frac{3}{8}$$

② 8個の玉の中から2個取り出す組合せの総数は

$$_8C_2 = \frac{8 \times 7}{2 \times 1} = 28 \,(通り)$$

「2個とも赤玉である」事象を A
「2個とも白玉である」事象を B
とすると

$$P(A) = \frac{{}_3C_2}{28} = \frac{3}{28} \quad P(B) = \frac{{}_5C_2}{28} = \frac{10}{28}$$

「2個とも同じ色である」事象は和事象 $A \cup B$ であり，A と B は排反事象であるから，求める確率は

$$P(A \cup B) = P(A) + P(B)$$
$$= \frac{3}{28} + \frac{10}{28}$$
$$= \frac{13}{28}$$

⑭余事象を利用する確率　　　p.30

問 11 (1) 5の倍数のカードを引く事象を A とすると，求める確率は

$$P(A) = \frac{2}{10} = \frac{1}{5}$$

(2) 5の倍数でないカードを引く事象 $\overline{A}$ は5の倍数を引く事象 A の余事象であるから，求める確率は

$$P(\overline{A}) = 1 - P(A)$$
$$= 1 - \frac{1}{5} = \frac{4}{5}$$

問 12 2個のさいころの目の出方は，全部で
$$6 \times 6 = 36 \,(通り)$$

「少なくとも1個は1の目が出る」事象を A とすると，余事象 $\overline{A}$ は「2個とも1以外の目が出る」事象だから

$$P(\overline{A}) = \frac{5 \times 5}{36} = \frac{25}{36}$$

よって，求める確率は

$$P(A) = 1 - P(\overline{A}) = 1 - \frac{25}{36} = \frac{11}{36}$$

練習問題

① (1) 4の倍数のカードを引く事象を A とすると，求める確率は

$$P(A) = \frac{3}{12} = \frac{1}{4}$$

(2) 4の倍数でないカードを引く事象 $\overline{A}$ は4の倍数を引く事象 A の余事象であるから，求める確率は

$$P(\overline{A}) = 1 - P(A)$$
$$= 1 - \frac{1}{4} = \frac{3}{4}$$

② 2個のさいころの目の出方は，全部で
$$6 \times 6 = 36 \,(通り)$$

「少なくとも1個は2以上の目が出る」事象を A とすると，余事象 $\overline{A}$ は「2個とも1の目が出る」事象だから

$$P(\overline{A}) = \frac{1}{36}$$

よって，求める確率は

$$P(A) = 1 - P(\overline{A}) = 1 - \frac{1}{36} = \frac{35}{36}$$

⑮独立な試行とその確率・反復試行とその確率　　　p.32

問 13 A の袋から白玉を取り出す試行と B の袋から白玉を取り出す試行はたがいに独立である。

A の袋から白玉を取り出す確率は $\frac{3}{7}$

B の袋から白玉を取り出す確率は $\frac{2}{7}$

よって，求める確率は

$$\frac{3}{7} \times \frac{2}{7} = \frac{6}{49}$$

問 14　1回の試行で偶数の目が出る確率は

$$\frac{3}{6} = \frac{1}{2}$$

よって，求める確率は

$$_5C_3 \times \left(\frac{1}{2}\right)^3 \times \left(1 - \frac{1}{2}\right)^{5-3} = 10 \times \frac{1}{8} \times \frac{1}{4}$$
$$= \frac{5}{16}$$

問 15　4本だけ成功する事象の確率は

$$_5C_4 \times \left(\frac{1}{2}\right)^4 \times \left(1 - \frac{1}{2}\right)^{5-4} = \frac{5}{32}$$

また，5本だけ成功する事象の確率は

$$_5C_5 \times \left(\frac{1}{2}\right)^5 \times \left(1 - \frac{1}{2}\right)^{5-5} = \frac{1}{32}$$

2つの事象は排反事象であるから，求める確率は

$$\frac{5}{32} + \frac{1}{32} = \frac{6}{32} = \frac{3}{16}$$

練習問題

① Aの袋から赤玉を取り出す試行とBの袋から赤玉を取り出す試行はたがいに独立である。

Aの袋から赤玉を取り出す確率は　$\frac{1}{5}$

Bの袋から赤玉を取り出す確率は　$\frac{4}{5}$

よって，求める確率は

$$\frac{1}{5} \times \frac{4}{5} = \frac{4}{25}$$

② 1回の試行で4以上の目が出る確率は

$$\frac{3}{6} = \frac{1}{2}$$

よって，求める確率は

$$_3C_2 \times \left(\frac{1}{2}\right)^2 \times \left(1 - \frac{1}{2}\right)^{3-2} = 3 \times \frac{1}{4} \times \frac{1}{2}$$
$$= \frac{3}{8}$$

③ 2回だけ命中する事象の確率は

$$_3C_2 \times \left(\frac{2}{3}\right)^2 \times \left(1 - \frac{2}{3}\right)^{3-2} = \frac{12}{27}$$

また，3回だけ命中する事象の確率は

$$_3C_3 \times \left(\frac{2}{3}\right)^3 \times \left(1 - \frac{2}{3}\right)^{3-3} = \frac{8}{27}$$

2つの事象は排反事象であるから，求める確率は

$$\frac{12}{27} + \frac{8}{27} = \frac{20}{27}$$

⑯**条件つき確率**　　　　　　　　　**p.34**

問 16　「Aさんが白玉を取り出す」事象は $\overline{A}$ であり，Aさんが白玉を取り出した残りは，赤玉2個，白玉2個となっているから，求める確率は

$$P_{\overline{A}}(\overline{B}) = \frac{2}{4} = \frac{1}{2}$$

問 17　(1) 選んだ1人の注文した飲み物が紅茶であるとわかった場合，その飲み物がホットである条件つき確率だから

$$P_{\overline{A}}(B) = \frac{7}{17}$$

(2) 選んだ1人の注文した飲み物がホットであるとわかった場合，その飲み物が紅茶である条件つき確率だから

$$P_B(\overline{A}) = \frac{7}{13}$$

(3) 選んだ1人の注文した飲み物がホットであるとわかった場合，その飲み物がコーヒーである条件つき確率だから

$$P_B(A) = \frac{6}{13}$$

練習問題

① 「Aさんが赤玉を取り出す」事象は A であり，Aさんが赤玉を取り出した残りは，赤玉1個，白玉3個となっているから，求める確率は

$$P_A(\overline{B}) = \frac{3}{4}$$

② (1) 全員の中でコーヒーを注文した確率だから

$$P(A) = \frac{15}{32}$$

(2) 選んだ1人の注文した飲み物が紅茶であるとわかった場合，その飲み物がアイスである条件つき確率だから

$$P_{\overline{A}}(\overline{B}) = \frac{10}{17}$$

(3) 選んだ1人の注文した飲み物がアイスであるとわかった場合，その飲み物がコーヒーである条件つき確率だから

$$P_{\overline{B}}(A) = \frac{9}{19}$$

問 18 (1) $P(A \cap \overline{B}) = P(A) \times P_A(\overline{B})$

$$= \frac{2}{5} \times \frac{3}{4} = \frac{3}{10}$$

(2) $P(\overline{A} \cap \overline{B}) = P(\overline{A}) \times P_{\overline{A}}(\overline{B})$

$$= \frac{3}{5} \times \frac{2}{4} = \frac{3}{10}$$

問 19 「A さんが当たる」事象を A

「B さんが当たる」事象を B　とする。

(1) $P(A \cap B) = P(A) \times P_A(B)$

$$= \frac{5}{20} \times \frac{4}{19} = \frac{1}{19}$$

(2) $P(\overline{A} \cap B) = P(\overline{A}) \times P_{\overline{A}}(B)$

$$= \frac{15}{20} \times \frac{5}{19} = \frac{15}{76}$$

(3) (1)と(2)は排反事象であるから，B さんが当たる確率は

$$P(B) = \frac{1}{19} + \frac{15}{76}$$

$$= \frac{19}{76} = \frac{1}{4}$$

問 20

	5 以上の目	他の目	計
得点	120 点	90 点	╱
確率	$\frac{1}{3}$	$\frac{2}{3}$	1

上の表から，求める期待値は

$$120 \times \frac{1}{3} + 90 \times \frac{2}{3} = 100 \, (点)$$

練習問題

① (1) $P(A \cap B) = P(A) \times P_A(B)$

$$= \frac{3}{8} \times \frac{2}{7} = \frac{3}{28}$$

(2) $P(\overline{A} \cap B) = P(\overline{A}) \times P_{\overline{A}}(B)$

$$= \frac{5}{8} \times \frac{3}{7} = \frac{15}{56}$$

② 「A さんが当たる」事象を A

「B さんが当たる」事象を B　とする。

(1) $P(A \cap B) = P(A) \times P_A(B)$

$$= \frac{2}{8} \times \frac{1}{7} = \frac{1}{28}$$

(2) $P(\overline{A} \cap B) = P(\overline{A}) \times P_{\overline{A}}(B)$

$$= \frac{6}{8} \times \frac{2}{7} = \frac{3}{14}$$

(3) $P(\overline{A} \cap \overline{B}) = P(\overline{A}) \times P_{\overline{A}}(\overline{B})$

$$= \frac{6}{8} \times \frac{5}{7} = \frac{15}{28}$$

③

	赤	白	計
得点	100 点	200 点	╱
確率	$\frac{11}{20}$	$\frac{9}{20}$	1

上の表から，求める期待値は

$$100 \times \frac{11}{20} + 200 \times \frac{9}{20} = 145 \, (点)$$

Exercise　　　　p.38

1 2 個のさいころの目の出方は，全部で

$$6 \times 6 = 36 \, (通り)$$

目の数の和が 4 以下になるのは，目の出方を（大，小）で表すと

$$(1, \ 1), \ (1, \ 2), \ (1, \ 3), \ (2, \ 1), \ (2, \ 2), \ (3, \ 1)$$

の 6 通りである。

よって，求める確率は

$$\frac{6}{36} = \frac{1}{6}$$

2 13 枚のカードの中から 2 枚引く組合せの総数は

$$_{13}C_2 = \frac{13 \times 12}{2 \times 1} = 78 \, (通り)$$

このうち，絵札 3 枚のカードから 2 枚引く組合せの総数は

$$_3C_2 = \frac{3 \times 2}{2 \times 1} = 3 \, (通り)$$

よって，求める確率は

$$\frac{3}{78} = \frac{1}{26}$$

3 9 本のくじから同時に 2 本のくじを引く総数は

$$_9C_2 = \frac{9 \times 8}{2 \times 1} = 36 \, (通り)$$

「少なくとも 1 本が当たりくじである」事象を A とすると，余事象 $\overline{A}$ は「2 本ともはずれくじである」事象だから

$$P(\overline{A}) = \frac{_6C_2}{36}$$

$$= \frac{15}{36} = \frac{5}{12}$$

よって，求める確率は

$$P(A) = 1 - P(\overline{A})$$
$$= 1 - \frac{5}{12} = \frac{7}{12}$$

4 1問の解答で正解する確率は

$$\frac{1}{2}$$

よって，求める確率は

$$_5C_3 \times \left(\frac{1}{2}\right)^3 \times \left(1-\frac{1}{2}\right)^{5-3} = 10 \times \frac{1}{8} \times \frac{1}{4}$$
$$= \frac{5}{16}$$

5 (1) 8個の玉の中から2個取り出す組合せの総数は

$$_8C_2 = \frac{8 \times 7}{2 \times 1} = 28 \,(\text{通り})$$

赤玉3個の中から1個取り出し，白玉5個の中から1個取り出す組合せの総数は

$$_3C_1 \times {}_5C_1 = 3 \times 5 = 15 \,(\text{通り})$$

よって，求める確率は $\dfrac{15}{28}$

(2) 最初に赤玉を取り出し，2回目に白玉を取り出す確率は

$$\frac{3}{8} \times \frac{5}{8} = \frac{15}{64}$$

最初に白玉を取り出し，2回目に赤玉を取り出す確率は

$$\frac{5}{8} \times \frac{3}{8} = \frac{15}{64}$$

よって，求める確率は

$$\frac{15}{64} + \frac{15}{64} = \frac{15}{32}$$

(3) 最初に赤玉を取り出し，2回目に白玉を取り出す確率は

$$\frac{3}{8} \times \frac{5}{7} = \frac{15}{56}$$

最初に白玉を取り出し，2回目に赤玉を取り出す確率は

$$\frac{5}{8} \times \frac{3}{7} = \frac{15}{56}$$

よって，求める確率は

$$\frac{15}{56} + \frac{15}{56} = \frac{15}{28}$$

考 引いたカードの番号が，
「2の倍数である」事象を A
「3の倍数である」事象を B とすると，

$$A = \{2 \times 1, \ 2 \times 2, \ 2 \times 3, \ \cdots\cdots, \ 2 \times 25\}$$

$$B = \{3 \times 1, \ 3 \times 2, \ 3 \times 3, \ \cdots\cdots, \ 3 \times 16\}$$

積事象 $A \cap B$ は，2と3の最小公倍数6の倍数である事象だから

$$A \cap B = \{6 \times 1, \ 6 \times 2, \ 6 \times 3, \ \cdots\cdots, \ 6 \times 8\}$$

よって

$$n(A) = 25, \ n(B) = 16, \ n(A \cap B) = 8$$

ゆえに

$$P(A) = \frac{25}{50}, \ P(B) = \frac{16}{50}, \ P(A \cap B) = \frac{8}{50}$$

したがって，求める確率は

$$P(A \cup B) = P(A) + P(B) - P(A \cap B)$$
$$= \frac{25}{50} + \frac{16}{50} - \frac{8}{50} = \frac{33}{50}$$

⑱ 三角形の角・平行線と線分の比　　p.40

問 1 (1) $\angle x + 70° + 65° = 180°$
よって
$$\angle x = 180° - 70° - 65° = \mathbf{45°}$$

(2) $115° = \angle x + 35°$
よって
$$\angle x = 115° - 35° = \mathbf{80°}$$

(3) $\angle x + 100° + 60° = 180°$
よって
$$\angle x = 180° - 100° - 60° = \mathbf{20°}$$
また
$$\angle y = 100° + 30° = \mathbf{130°}$$

問 2 (1) $15 : 10 = x : 8$ だから
$$10 \times x = 15 \times 8$$
よって $x = \mathbf{12}$

(2) $8 : (8+4) = x : 9$ だから
$$12 \times x = 8 \times 9$$
よって $x = \mathbf{6}$

(3) $4 : x = 5 : (5+15)$ だから
$$5 \times x = 4 \times 20$$
よって $x = \mathbf{16}$

練習問題
① (1) $\angle x + 45° + 55° = 180°$
よって
$$\angle x = 180° - 45° - 55° = \mathbf{80°}$$

(2) $120° = \angle x + 70°$
よって
$$\angle x = 120° - 70° = \mathbf{50°}$$

(3) $\angle x + 85° + 50° = 180°$

よって

$\angle x = 180° - 85° - 50° = \mathbf{45°}$

また

$\angle y = 45° + 70° = \mathbf{115°}$

② (1) $10 : x = 8 : 12$ だから

$x \times 8 = 10 \times 12$

よって $x = \mathbf{15}$

(2) $x : 9 = 20 : 15$ だから

$9 \times 20 = x \times 15$

よって $x = \mathbf{12}$

(3) $x : 9 = 5 : 15$ だから

$9 \times 5 = x \times 15$

よって $x = \mathbf{3}$

⑲中点連結定理・角の2等分線と線分の比
p.42

問 3 (1) △ABC において

中点連結定理より

$MN = \dfrac{1}{2}BC$

$BC = 14$ だから

$x = \dfrac{1}{2} \times 14 = \mathbf{7}$

(2) △ABC において

中点連結定理より

$MN = \dfrac{1}{2}BC$

$MN = 9$ だから

$9 = \dfrac{1}{2} \times x$

よって $x = \mathbf{18}$

問 4 (1) $4 : x = 6 : 3$ だから

$6 \times x = 4 \times 3$

よって $x = \mathbf{2}$

(2) $2 : 3 = x : 6$ だから

$3 \times x = 2 \times 6$

よって $x = \mathbf{4}$

練習問題

① (1) △ABC において

中点連結定理より

$MN = \dfrac{1}{2}BC$

$BC = 20$ だから

$x = \dfrac{1}{2} \times 20 = \mathbf{10}$

(2) △ABC において

中点連結定理より

$MN = \dfrac{1}{2}BC$

$MN = 4$ だから

$4 = \dfrac{1}{2} \times x$

よって $x = \mathbf{8}$

② (1) $4 : 2 = 8 : x$ だから

$4 \times x = 2 \times 8$

よって $x = \mathbf{4}$

(2) $x : 6 = 12 : 9$ だから

$9 \times x = 6 \times 12$

よって $x = \mathbf{8}$

⑳三角形の外心・内心
p.44

問 5 (1) $\angle x = \angle OBA + \angle OBC$

$\qquad = \angle OAB + \angle OCB$

$\qquad = 40° + 20°$

$\qquad = \mathbf{60°}$

(2) 点 O と点 A を結ぶと

$\angle OAB = \angle OBA = 30°$

$\angle OAC = \angle OCA = \angle x$

よって

$80° = 30° + \angle x$

$\angle x = \mathbf{50°}$

(3) $\angle BAC = \angle x + 25°$

$\angle ABC = 25° + 35° = 60°$

$\angle ACB = \angle x + 35°$

△ABC の内角の和は $180°$ だから

$(\angle x + 25°) + 60° + (\angle x + 35°) = 180°$

よって

$2 \times \angle x = 60°$

$\angle x = \mathbf{30°}$

問 6 (1) $\angle BAC = 2 \times 40° = 80°$

$\angle BCA = 2 \times 30° = 60°$

よって

$\angle x = 180° - (80° + 60°)$

$\qquad = \mathbf{40°}$

13

(2) $\angle \text{IBC} = \angle \text{IBA} = 40°$

$\angle \text{ICB} = \angle \text{ICA} = 25°$

よって

$\angle x = 180° - (40° + 25°)$

$= \boldsymbol{115°}$

(3) $\angle \text{BAC} = 2 \times \angle x$

$\angle \text{BCA} = 2 \times 20° = 40°$

よって

$2 \times \angle x + 70° + 40° = 180°$

これを解いて $\angle x = \boldsymbol{35°}$

練習問題

① (1) $\angle \text{OBA} = 20°$, $\angle \text{OAC} = 40°$

よって

$\angle \text{OBC} + \angle \text{OCB} = 180° - 20° - 20° - 40° - 40°$

$= 60°$

△OBC は 2 等辺三角形だから

$\angle x = \boldsymbol{30°}$

(2) $\angle \text{OBA} = 30°$ より

$\angle \text{AOB} = 180° - 30° - 30° = 120°$

$\angle \text{OCB} = 25°$ より

$\angle \text{BOC} = 180° - 25° - 25° = 130°$

よって $\angle x = 360° - 120° - 130° = \boldsymbol{110°}$

② (1) $\angle \text{ABC} = 2 \times 25° = 50°$

$\angle \text{ACB} = 2 \times 35° = 70°$

よって

$\angle \text{BAC} = 180° - (50° + 70°)$

$= 60°$

したがって

$\angle x = 60° \div 2 = \boldsymbol{30°}$

(2) $\angle \text{IBC} = \angle \text{IBA} = 25°$

$\angle \text{ICB} = \angle \text{ICA} = 30°$

よって

$\angle x = 180° - (25° + 30°)$

$= \boldsymbol{125°}$

㉑ 三角形の重心　　　　p.46

問 7 (1) 点 D は辺 BC の中点だから

$\text{BD} = \dfrac{1}{2}\text{BC} = \dfrac{1}{2} \times 14 = \boldsymbol{7}$

(2) CG : GF = 2 : 1 だから

$2 \times \text{GF} = 1 \times \text{CG}$

よって　$\text{GF} = \dfrac{1}{2} \times 4\sqrt{3} = \boldsymbol{2\sqrt{3}}$

問 8 (1) $\text{AE} = \dfrac{1}{2}\text{AC} = \boldsymbol{10}$

(2) $\text{AF} = \dfrac{1}{2}\text{AB} = \boldsymbol{8}$

(3) AG : GD = 2 : 1 だから

$\text{GD} = \dfrac{1}{2}\text{AG} = \boldsymbol{2\sqrt{3}}$

(4) CG : GF = 2 : 1 だから

$\text{CG} = 2\text{GF} = \boldsymbol{16}$

練習問題

① (1) BG : GE = 2 : 1 だから

$\text{BG} = 2\text{GE}$

よって　$\text{BG} = 2 \times 5 = \boldsymbol{10}$

(2) AG : GD = 2 : 1 だから

$2 \times \text{GD} = 1 \times \text{AG}$

よって　$\text{GD} = \dfrac{1}{2} \times 12 = \boldsymbol{6}$

② (1) $\text{AE} = \dfrac{1}{2}\text{AC} = \boldsymbol{\sqrt{21}}$

(2) $\text{AF} = \dfrac{1}{2}\text{AB} = \boldsymbol{9}$

(3) AG : GD = 2 : 1 だから

$\text{GD} = \dfrac{1}{2}\text{AG} = \boldsymbol{4}$

(4) CG : GF = 2 : 1 だから

$\text{CG} = 2\text{GF} = \boldsymbol{6}$

Exercise　　　　p.48

❶ (1) 図のように, △AED の $\angle \text{AED}$ の外角 $\angle \text{AEC}$ は

$\angle \text{AEC} = 56° + 54° = 110°$

また, △CEB の $\angle \text{CBE}$ の外角 x は

$\angle x = 25° + \angle \text{CEB}$

$= 25° + 110° = \boldsymbol{135°}$

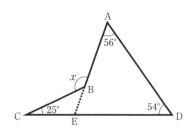

(2)　△BHE において

$$\angle x + 30° + 42° = 180°$$
$$\angle x = \mathbf{108°}$$

また　$\angle \mathrm{GHC} = 180° - \angle x$
$$= 180° - 108° = 72°$$

△AGD において　$\angle \mathrm{CGH} = \angle y + 35°$

△CGH において　$\angle y + 35° + 72° + 34° = 180°$

よって　$\angle y = \mathbf{39°}$

2　(1)　$10 : 20 = 7 : x$ だから
$$10 \times x = 20 \times 7$$
よって　$x = \mathbf{14}$

(2)　$9 : (9 + 3) = 6 : x$ だから
$$9 \times x = 12 \times 6$$
よって　$x = \mathbf{8}$

(3)　$20 : (20 + 4) = 25 : x$ だから
$$20 \times x = 24 \times 25$$
よって　$x = \mathbf{30}$

3　(1)　$x : 10 = 18 : 15$ だから
$$x \times 15 = 10 \times 18$$
よって　$x = \mathbf{12}$

(2)　$x : (7 - x) = 8 : 6$ だから
$$x \times 6 = (7 - x) \times 8$$
$$6x = 56 - 8x$$
よって　$x = \mathbf{4}$

4　(1)　$\angle x = \angle \mathrm{OCA} + \angle \mathrm{OCB}$
$$= \angle \mathrm{OAC} + \angle \mathrm{OBC}$$
$$= 25° + 30° = \mathbf{55°}$$

(2)　$\angle x = 180° - (\angle \mathrm{ABC} + \angle \mathrm{ACB})$
$$= 180° - (2 \times 20° + 2 \times 30°)$$
$$= 180° - 100° = \mathbf{80°}$$

(3)　$x = \dfrac{1}{2} \times 18 = \mathbf{9}$

また　$10 : y = 2 : 1$ だから
$$10 \times 1 = y \times 2$$
$$y = \mathbf{5}$$

考　△ABC が存在するための a の値の範囲は，
AC $-$ AB $= 4 - 3 = 1$　より大きく，
AC $+$ AB $= 4 + 3 = 7$　より小さければよい。
よって，a の値の範囲は
$$\mathbf{1 < a < 7}$$

㉒円周角・円と四角形・接線と弦のつくる角
p.50

問 1　(1)　$\angle x = \mathbf{35°}$

(2)　$\angle x = 2 \times 60° = \mathbf{120°}$

(3)　$\angle x = \dfrac{1}{2} \times 260° = \mathbf{130°}$

問 2　(1)　$\angle x + 70° = 180°$ だから
$$\angle x = 180° - 70° = \mathbf{110°}$$
$\angle y + 100° = 180°$ だから
$$\angle y = 180° - 100° = \mathbf{80°}$$

(2)　$\angle x + 115° = 180°$ だから
$$\angle x = 180° - 115° = \mathbf{65°}$$
$$\angle y = \mathbf{60°}$$

問 3　①　$\angle \mathrm{A} + \angle \mathrm{C} = 110° + 70° = 180°$
となり，四角形が円に内接する条件をみたす。
　よって，この四角形は円に内接する。

②　四角形の内角の $\angle \mathrm{A} = 84°$ は，その対角にと
なりあう外角 $96°$ に等しくないことから，四角形
が円に内接する条件をみたさない。
　よって，この四角形は円に内接しない。

③　四角形の内角の $\angle \mathrm{B} = 86°$ は，その対角にと
なりあう外角 $86°$ に等しいから，四角形が円に内
接する条件をみたす。
　よって，この四角形は円に内接する。
したがって，①と③

問 4　(1)　$\angle \mathrm{TAB} = \angle \mathrm{ACB}$ だから
$$\angle x = \mathbf{40°}$$

(2)　$\angle \mathrm{TAB} = \angle \mathrm{ACB} = 60°$
よって，$\angle x = 2 \times \angle \mathrm{ACB}$
$$= \mathbf{120°}$$

練習問題

①　(1)　$\angle x = \mathbf{25°}$

(2)　$\angle x = \dfrac{1}{2} \times 106° = \mathbf{53°}$

(3)　$\angle \mathrm{BOC}$ は円周角 $45°$ の中心角であるから $90°$
　△OBC は OB $=$ OC（半径）の 2 等辺三角形で
あるから，$\angle x = (180° - 90°) \div 2 = \mathbf{45°}$

②　(1)　$\angle x + 105° = 180°$ だから
$$\angle x = 180° - 105° = \mathbf{75°}$$
$\angle y + 110° = 180°$ だから
$$\angle y = 180° - 110° = \mathbf{70°}$$

(2)　$\angle \mathrm{ABC} = 180° - (40° + 70°) = 70°$

$\angle x + 70° = 180°$ だから

$\angle x = 180° - 70° = \mathbf{110°}$

③ ① $\angle B + \angle D = 65° + 115° = 180°$

となり，四角形が円に内接する条件をみたす。

よって，この四角形は円に内接する。

② 四角形の内角の $\angle A = 85°$ は，その対角にとなりあう外角 $80°$ に等しくないことから，四角形が円に内接する条件をみたさない。

よって，この四角形は円に内接しない。

③ 四角形の内角の $\angle C = 118°$ は，その対角にとなりあう外角 $118°$ に等しいから，四角形が円に内接する条件をみたす。

よって，この四角形は円に内接する。

したがって，①と③

④ (1) $\angle TAB = \angle ACB$ だから

$$\angle x = \mathbf{45°}$$

(2) $\angle TAB = \angle ACB = 30°$

よって，$\angle x = 2 \times \angle ACB$

$$= \mathbf{60°}$$

㉓接線の長さ・方べきの定理・2つの円
p.52

問 5 $AE = AF = 2,\ BD = BF = 3$

$CE = CD$

$= CB - BD$

$= 8 - 3 = 5$

よって

$x = AE + CE$

$= 2 + 5 = \mathbf{7}$

問 6 (1) $PA \times PB = PC \times PD$ より

$x \times 6 = 4 \times 3$

これを解いて

$x = \mathbf{2}$

(2) $PA \times PB = PC \times PD$ より

$3 \times (3 + x) = 2 \times (2 + 10)$

$9 + 3x = 24$

これを解いて

$x = \mathbf{5}$

問 7 $PA \times PB = PC^2$ だから

$2 \times (2 + 6) = x^2$

$x^2 = 16$

$x > 0$ だから $x = \mathbf{4}$

問 8 (1) (イ)の場合

$d = 2 + 5 = \mathbf{7}\,(\mathbf{cm})$

(エ)の場合

$d = 5 - 2 = \mathbf{3}\,(\mathbf{cm})$

(2) 2点で交わる場合の d の範囲は

$\mathbf{3 < d < 7}$

練習問題

① $BF = BD = 3,\ CE = CD = 4$

$AF = AE$

$= AC - CE$

$= 6 - 4 = 2$

よって

$x = AF + BF$

$= 2 + 3 = \mathbf{5}$

② (1) $PA \times PB = PC \times PD$ より

$3 \times x = 2 \times 9$

これを解いて

$x = \mathbf{6}$

(2) $PA \times PB = PC \times PD$ より

$3 \times (3 + x) = 4 \times (4 + 5)$

$9 + 3x = 36$

これを解いて

$x = \mathbf{9}$

③ $PA \times PB = PC^2$ だから

$4 \times (4 + 7) = x^2$

$x^2 = 44$

$x > 0$ だから $x = \mathbf{2\sqrt{11}}$

④ (1) (イ)の場合

$d = 3 + 8 = \mathbf{11}\,(\mathbf{cm})$

(エ)の場合

$d = 8 - 3 = \mathbf{5}\,(\mathbf{cm})$

(2) 2点で交わる場合の d の範囲は

$\mathbf{5 < d < 11}$

1 (1) $\angle x = 40°$

(2) $\angle x = 2 \times 25°$

     $= \mathbf{50°}$

2 (1) $\angle x = \mathbf{82°}$

 $\angle y + 120° = 180°$ だから

    $\angle y = \mathbf{60°}$

(2) $\angle x + 105° = 180°$ だから

    $\angle x = \mathbf{75°}$

    $\angle y = 180° - 107°$

       $= \mathbf{73°}$

3 (1) $\angle x = \mathbf{70°}$

(2) $\angle x = \dfrac{1}{2} \times 100°$

     $= \mathbf{50°}$

4 (1) $AF = AE = 5$ から

    $BF = 13 - 5 = 8$

    $BD = BF = 8$

 $CD = CE = 6$ だから

    $BC = BD + CD$

       $= 8 + 6 = \mathbf{14}$

(2) $BD = BF = 4$ から

    $CD = 9 - 4 = 5$

  $CE = CD = 5$ から

    $AE = 8 - 5 = 3$

  $AF = AE$ だから

    $AF = \mathbf{3}$

5 (1) $PA \times PB = PC \times PD$ だから

    $x \times 8 = 14 \times 6$

  よって $x = \dfrac{\mathbf{21}}{\mathbf{2}}$

(2) $PA \times PB = PC \times PD$ だから

 $5 \times (5 + 13) = 6 \times (6 + x)$

        $90 = 36 + 6x$

これを解いて $x = \mathbf{9}$

(3) $PA \times PB = PC^2$ だから

   $x \times (x + 12) = 8^2$

  よって $x^2 + 12x - 64 = 0$

    $(x - 4)(x + 16) = 0$

 $x > 0$ だから $x = \mathbf{4}$

考 (イ) 外側で接する場合

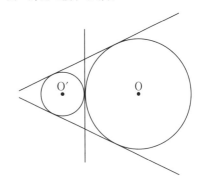

3本

(ウ) 2点で交わる場合

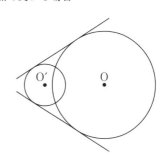

2本

(エ) 内側で接する場合

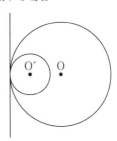

1本

(オ) 内側にある場合

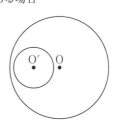

0本（ない）

㉔基本の作図　p.56

問 1

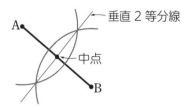

問 2

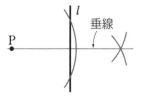

問 3

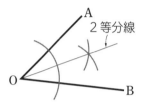

練習問題

①

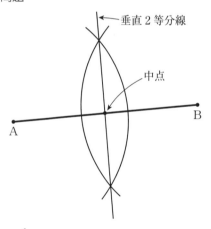

②

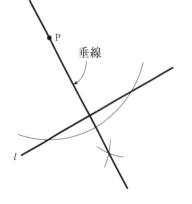

③

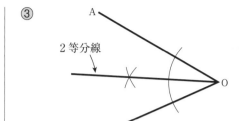

㉕いろいろな作図　p.58

問 4

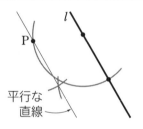

問 5

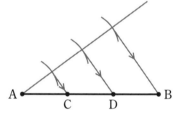

練習問題

①

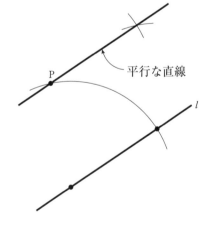

②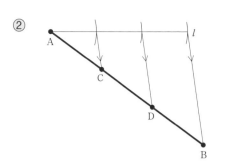

㉖三角形の外心・内心・重心の作図　p.60

問 6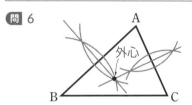

問 7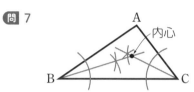

問 8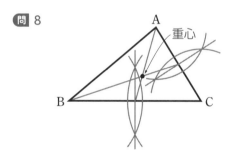

Exercise　　　　　　　　　　p.61

1　線分 AB と線分 BC の垂直 2 等分線をそれ
ぞれ引き，その交点を O とすると，点 O が
△ABC の外心である。点 O を中心とする半径
OA の円が，この土器のもとの大きさの円である。

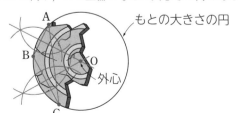

もとの大きさの円

考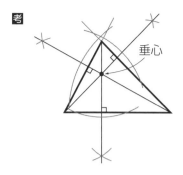

垂心

㉗空間における直線と平面　p.62

問 1　(イ)

問 2　(1)　直線 CG を直線 BF に，平行に移動
して考えると，直線 AB と直線 CG のつくる角は
90° である。

(2)　直線 EF を直線 AB に，平行に移動して考え
ると，直線 BD と直線 EF のつくる角は 45° であ
る。

問 3　(1)　∠DBC = 45° だから
　　平面 BDHF と平面 BFGC のつくる角は 45°

(2)　∠APQ = 90° だから
　　平面 BDHF と平面 ABCD のつくる角は 90°

問 4　(1)　**平面 AEHD，平面 EFGH**

(2)　**平面 AEFB，平面 CDHG**

練習問題

①　(イ)と(ウ)

②　(1)　直線 CD を直線 BA に，平行に移動して
考えると，直線 AE と直線 CD のつくる角は 90°
である。

(2)　直線 EF を直線 AB に，平行に移動して考え
ると，直線 EF と直線 AC のつくる角は 45° であ
る。

③　(1)　∠CAD = 45° だから
　　平面 ACGE と平面 AEHD のつくる角は 45°

(2)　∠FQP = 90° だから
　　平面 ACGE と平面 EFGH のつくる角は 90°

④　(1)　**平面 DHGC，平面 EFGH**

(2)　**平面 ABCD，平面 EFGH**

㉘ 多面体　　　　　　　　　　p.64

問 5　五角柱は

$v = 10,\ e = 15,\ f = 7$

よって　$v - e + f = 10 - 15 + 7 = \mathbf{2}$

四角錐は

$v = 5,\ e = 8,\ f = 5$

よって　$v - e + f = 5 - 8 + 5 = \mathbf{2}$

問 6

	頂点の数 v	辺の数 e	面の数 f	$v-e+f$
正四面体	4	**6**	4	2
正六面体	8	**12**	6	2
正八面体	6	**12**	8	2
正十二面体	**20**	**30**	12	2
正二十面体	12	30	20	2

練習問題

① 　$v = 10,\ e = 15,\ f = 7$　だから

　　$v - e + f = 10 - 15 + 7 = \mathbf{2}$

㉙ 数の歴史　　　　　　　　　p.66

問 1　(1)　100 が 3 個，10 が 6 個，1 が 3 個だから

　363

(2)　1000 が 4 個，100 が 3 個，10 が 4 個，1 が 7 個だから

　4347

問 2　(1)　$136 = 1 \times 100 + 3 \times 10 + 6 \times 1$ だから

(2)　$2358 = 2 \times 1000 + 3 \times 100 + 5 \times 10 + 8 \times 1$ だから

問 3　(1)　$36 = 3 \times 10 + 6 \times 1$ だから

(2)　$184 = 3 \times 60 + 4 \times 1$ だから

問 4　$8848 = 8 \times 10^3 + 8 \times 10^2 + 4 \times 10 + 8 \times 1$

問 5　(1)　$482 = 4 \times 10^2 + 8 \times 10 + 2 \times 1$

(2)　$309 = 3 \times 10^2 + 0 \times 10 + 9 \times 1$

(3)　$6025 = 6 \times 10^3 + 0 \times 10^2 + 2 \times 10 + 5 \times 1$

練習問題

①　(1)　100 が 5 個，10 が 1 個，1 が 2 個だから

　512

(2)　1000 が 1 個，100 が 2 個，10 が 2 個，1 が 3 個だから

　1223

②　(1)　$214 = 2 \times 100 + 1 \times 10 + 4 \times 1$ だから

(2)　$1325 = 1 \times 1000 + 3 \times 100 + 2 \times 10 + 5 \times 1$ だから

③　(1)　$42 = 4 \times 10 + 2 \times 1$ だから

(2)　$151 = 2 \times 60 + 3 \times 10 + 1 \times 1$ だから

④　$3193 = 3 \times 10^3 + 1 \times 10^2 + 9 \times 10 + 3 \times 1$

⑤　(1)　$187 = 1 \times 10^2 + 8 \times 10 + 7 \times 1$

(2)　$777 = 7 \times 10^2 + 7 \times 10 + 7 \times 1$

(3)　$2763 = 2 \times 10^3 + 7 \times 10^2 + 6 \times 10 + 3 \times 1$

㉚ 2 進法とコンピュータ　　　p.68

問 6　(1)　$1 \times 2^3 + 1 \times 2^2 + 1 \times 2 + 0 \times 1$

　　$= 8 + 4 + 2 = \mathbf{14}$

(2)　$1 \times 2^4 + 0 \times 2^3 + 0 \times 2^2 + 1 \times 2 + 1 \times 1$

　　$= 16 + 2 + 1 = \mathbf{19}$

(3)　$1 \times 2^4 + 1 \times 2^3 + 1 \times 2^2 + 0 \times 2 + 1 \times 1$

　　$= 16 + 8 + 4 + 1 = \mathbf{29}$

問 7　(1)　$2\,\underline{)\ \ 15}$
　　　　$2\,\underline{)\ \ \ 7\cdots1}$
　　　　$2\,\underline{)\ \ \ 3\cdots1}$
　　　　　　　$1\cdots1$
　　　　よって　**1111**$_{(2)}$

(2)　$2\,\underline{)\ \ 28}$
　　$2\,\underline{)\ \ 14\cdots0}$
　　$2\,\underline{)\ \ \ 7\cdots0}$
　　$2\,\underline{)\ \ \ 3\cdots1}$
　　　　　$1\cdots1$
　　よって　**11100**$_{(2)}$

(3)　$2\,\underline{)\ \ 30}$
　　$2\,\underline{)\ \ 15\cdots0}$
　　$2\,\underline{)\ \ \ 7\cdots1}$
　　$2\,\underline{)\ \ \ 3\cdots1}$
　　　　　$1\cdots1$
　　よって　**11110**$_{(2)}$

(4)　$2\,\underline{)\ \ 52}$
　　$2\,\underline{)\ \ 26\cdots0}$
　　$2\,\underline{)\ \ 13\cdots0}$
　　$2\,\underline{)\ \ \ 6\cdots1}$
　　$2\,\underline{)\ \ \ 3\cdots0}$
　　　　　$1\cdots1$
　　よって　**110100**$_{(2)}$

問 8　(1)
$$\begin{array}{r} \overset{1}{\ }\ 1\ \ 1 \\ +)\ \ 1\ \ 1\ \ 0 \\ \hline 1\ \ 0\ \ 0\ \ 1 \end{array}$$
　　よって　$11_{(2)}+110_{(2)}=$**1001**$_{(2)}$

(2)
$$\begin{array}{r} \overset{1}{1}\ \overset{1}{0}\ \overset{1}{0}\ 1 \\ +)\ \ 1\ \ 1\ \ 1\ \ 1 \\ \hline 1\ \ 1\ \ 0\ \ 0\ \ 0 \end{array}$$
　　よって　$1001_{(2)}+1111_{(2)}=$**11000**$_{(2)}$

問 9　数を表す装置は，$10110_{(2)}$ となっている。
よって
　　$1\times2^4+0\times2^3+1\times2^2+1\times2+0\times1$
　　$=16+4+2=$**22**

練習問題
① (1)　$1\times2^3+0\times2^2+1\times2+1\times1$
　　　　$=8+2+1=$**11**

(2)　$1\times2^4+0\times2^3+1\times2^2+1\times2+0\times1$
　　　$=16+4+2=$**22**

(3)　$1\times2^5+0\times2^4+1\times2^3+0\times2^2+1\times2+0\times1$
　　　$=32+8+2=$**42**

② (1)　$2\,\underline{)\ \ 18}$
　　　$2\,\underline{)\ \ \ 9\cdots0}$
　　　$2\,\underline{)\ \ \ 4\cdots1}$
　　　$2\,\underline{)\ \ \ 2\cdots0}$
　　　　　$1\cdots0$
　　　よって　**10010**$_{(2)}$

(2)　$2\,\underline{)\ \ 24}$
　　$2\,\underline{)\ \ 12\cdots0}$
　　$2\,\underline{)\ \ \ 6\cdots0}$
　　$2\,\underline{)\ \ \ 3\cdots0}$
　　　　$1\cdots1$
　　よって　**11000**$_{(2)}$

(3)　$2\,\underline{)\ \ 38}$
　　$2\,\underline{)\ \ 19\cdots0}$
　　$2\,\underline{)\ \ \ 9\cdots1}$
　　$2\,\underline{)\ \ \ 4\cdots1}$
　　$2\,\underline{)\ \ \ 2\cdots0}$
　　　　$1\cdots0$
　　よって　**100110**$_{(2)}$

(4)　$2\,\underline{)\ \ 43}$
　　$2\,\underline{)\ \ 21\cdots1}$
　　$2\,\underline{)\ \ 10\cdots1}$
　　$2\,\underline{)\ \ \ 5\cdots0}$
　　$2\,\underline{)\ \ \ 2\cdots1}$
　　　　$1\cdots0$
　　よって　**101011**$_{(2)}$

③ (1)
$$\begin{array}{r} \overset{1}{\ }\ \overset{1}{\ }\ 1\ \ 1 \\ +)\ \ 1\ \ 1\ \ 1 \\ \hline 1\ \ 0\ \ 1\ \ 0 \end{array}$$
　　よって　$11_{(2)}+111_{(2)}=$**1010**$_{(2)}$

(2)
$$\begin{array}{r} \overset{1}{1}\ \overset{1}{0}\ 1\ 1 \\ +)\ \ 1\ \ 1\ \ 1\ \ 0 \\ \hline 1\ \ 1\ \ 0\ \ 0\ \ 1 \end{array}$$
　　よって　$1011_{(2)}+1110_{(2)}=$**11001**$_{(2)}$

④ 数を表す装置は，$110100_{(2)}$ となっている。
よって
　　$1\times2^5+1\times2^4+0\times2^3+1\times2^2+0\times2+0\times1$
　　$=32+16+4=$**52**

21

問 10 (1) **1, 2, 4, 8, 16**

(2) **1, 2, 3, 4, 6, 8, 12, 24**

(3) **1, 5, 25**

(4) **1, 2, 3, 4, 6, 9, 12, 18, 36**

問 11 (1) **7, 14, 21, 28, 35**

(2) **8, 16, 24, 32, 40, 48**

問 12 (1) 27 の約数は　1, 3, 9, 27

45 の約数は　1, 3, 5, 9, 15, 45

よって，公約数は　1, 3, 9

したがって，最大公約数は 9 だから，正方形の 1 辺の長さは**9**である。

(2) 28 の約数は　1, 2, 4, 7, 14, 28

42 の約数は　1, 2, 3, 6, 7, 14, 21, 42

よって，公約数は　1, 2, 7, 14

したがって，最大公約数は 14 だから，正方形の 1 辺の長さは**14**である。

練習問題

① (1) **1, 3, 7, 21**

(2) **1, 2, 4, 7, 14, 28**

(3) **1, 2, 4, 8, 16, 32**

(4) **1, 5, 7, 35**

② (1) **5, 10, 15, 20, 25, 30, 35, 40**

(2) **9, 18, 27, 36, 45**

③ (1) 24 の約数は　1, 2, 3, 4, 6, 8, 12, 24

54 の約数は　1, 2, 3, 6, 9, 18, 27, 54

よって，公約数は　1, 2, 3, 6

したがって，最大公約数は 6 だから，正方形の 1 辺の長さは**6**である。

(2) 26 の約数は　1, 2, 13, 26

65 の約数は　1, 5, 13, 65

よって，公約数は　1, 13

したがって，最大公約数は 13 だから，正方形の 1 辺の長さは**13**である。

問 13　$28 \div 12$ の商は 2 で余りは 4 だから，1 辺は 12 の正方形が 2 つ切り取られ，縦 12，横 4 の長方形が残る。

よって　$28 = 12 \times \boxed{2} + \boxed{4}$

残りの長方形は 1 辺 4 の正方形でしきつめられ，

$12 = 4 \times \boxed{3}$

問 14 (1)　$15 = 12 \times 1 + 3$

だから，1 辺 12 の正方形 1 つを切り取る。

$12 = 3 \times 4$ だから，残りの長方形は 1 辺 3 の正方形でしきつめられ

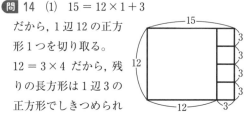

る。よって，もとの長方形は，**1 辺 3 の最大の正方形でしきつめられる。これが求める正方形**である。

(2)　$21 = 12 \times 1 + 9$

だから，1 辺 12 の正方形 1 つを切り取る。

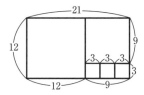

$12 = 9 \times 1 + 3$ だから，1 辺 9 の正方形 1 つを切り取る。

$9 = 3 \times 3$ だから，残りの長方形は 1 辺 3 の正方形でしきつめられる。よって，もとの長方形は，**1 辺 3 の最大の正方形でしきつめられる。**これが求める正方形である。

問 15　$42 = \qquad 15 \times \boxed{2} + \boxed{12}$

$\qquad\qquad 15 = \boxed{12} \times \boxed{1} + \boxed{3}$

$\qquad \boxed{12} = \boxed{3} \times \boxed{4}$

よって，15 と 42 の最大公約数は $\boxed{3}$ である。

問 16

(1)　$30 = 18 \times 1 + 12$

$\qquad 18 = 12 \times 1 + 6$

$\qquad 12 = 6 \times 2$

よって，18 と 30 の最大公約数は **6**

(2)　$35 = 20 \times 1 + 15$

$\qquad 20 = 15 \times 1 + 5$

$\qquad 15 = 5 \times 3$

よって，20 と 35 の最大公約数は **5**

問 17　(1)　$816 = 240 \times 3 + 96$

$240 = 96 \times 2 + 48$

$96 = 48 \times 2$

よって，最大公約数は **48**

(2)　$864 = 378 \times 2 + 108$

$378 = 108 \times 3 + 54$

$108 = 54 \times 2$

よって，最大公約数は **54**

問 18　(1)　$840 = 315 \times 2 + 210$

$315 = 210 \times 1 + 105$

$210 = 105 \times 2$

よって，最大の正方形の 1 辺の長さは **105**

(2)　$924 = 336 \times 2 + 252$

$336 = 252 \times 1 + 84$

$252 = 84 \times 3$

よって，最大の正方形の 1 辺の長さは **84**

練習問題

① 　(1)　$462 = 330 \times 1 + 132$

$330 = 132 \times 2 + 66$

$132 = 66 \times 2$

　　　よって，最大公約数は　**66**

(2)　$748 = 272 \times 2 + 204$

$272 = 204 \times 1 + 68$

$204 = 68 \times 3$

　よって，最大公約数は　**68**

(3)　$855 = 665 \times 1 + 190$

$665 = 190 \times 3 + 95$

$190 = 95 \times 2$

　よって，最大公約数は　**95**

(4)　$864 = 360 \times 2 + 144$

$360 = 144 \times 2 + 72$

$144 = 72 \times 2$

　よって，最大公約数は　**72**

㉝図形と人間・相似と測定　　　p.74

問 1

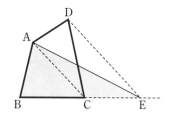

①，②のあと，2 点 A，E を結べば，△ABE が求める三角形である。

（AC∥DE より，△ACD ＝ △ACE だから

△ABC ＋ △ACD ＝ △ABC ＋ △ACE

よって，四角形 ABCD ＝ △ABE）

問 2　(1)　台形の面積から中の三角形の面積をひけばよい。

$\dfrac{1}{2} \times (7 + 12) \times 10 - \dfrac{1}{2} \times 5 \times 4$

$= 95 - 10 = \mathbf{85}\,(\mathbf{m}^2)$

(2)　長方形の面積から周りの 3 つの三角形の面積をひけばよい。

$14 \times 18 - \dfrac{1}{2} \times 18 \times 5 - \dfrac{1}{2} \times 18 \times 14$

$= 252 - 45 - 126 = \mathbf{81}\,(\mathbf{m}^2)$

(3)　長方形の面積から 2 つの三角形の面積と 1 つの台形の面積をひけばよい。

$18 \times 17 - \dfrac{1}{2} \times 4 \times 12 - \dfrac{1}{2} \times 5 \times 14$

$\qquad\qquad\qquad - \dfrac{1}{2} \times (5 + 12) \times 18$

$= 306 - 24 - 35 - 153 = \mathbf{94}\,(\mathbf{m}^2)$

問 3　△ABC と △DBE は相似だから，

AC：DE ＝ BC：BE

$1 : DE = 0.4 : (2 - 0.4)$

$0.4 \times DE = 1 \times 1.6$

よって，$DE = 1 \times 1.6 \div 0.4 = 4$

したがって，井戸の深さは **4 m** である。

練習問題

① 点 C を通って
線分 AB に平行な
直線 l を引き，直線
m との交点を D と
する。△ABC と

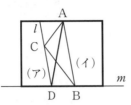

△ABD において，
AB は共通の底辺，高さは平行線の間の距離で等
しいので，2 つの三角形の面積は等しくなる。
よって，求める境界線は AD になる。

② (1) 台形の面積から中の四角形の面積をひけ
ばよい。

$$\frac{1}{2} \times (5+9) \times 8 - 2 \times 3 = 56 - 6 = \mathbf{50 \, (m^2)}$$

(2) 長方形の面積から周りの 2 つの三角形の面積
をひけばよい。

長方形の縦の長さは，$2+2 = 4 \, (m)$

長方形の横の長さは，$2+4 = 6 \, (m)$ だから

$$4 \times 6 - \frac{1}{2} \times 2 \times 4 - \frac{1}{2} \times 2 \times 6$$

$$= 24 - 4 - 6 = \mathbf{14 \, (m^2)}$$

③ △ABC と △DEF は相似だから，

AC : DF = BC : EF

AC : 1.6 = 3.6 : 1.2

$1.2 \times AC = 1.6 \times 3.6$

よって，$AC = 1.6 \times 3.6 \div 1.2 = \mathbf{4.8 \, (m)}$

㉞座標の考え方　　　　p.76

問 4

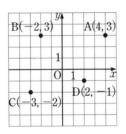

問 5　14 五

問 6

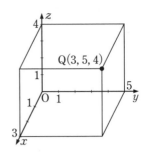

問 7　点 Q の座標は，点 P のそれぞれの座標
に移動した数を加えればよい。
よって，点 Q の座標は　$(2+1, \ 4+3, \ 1+5)$
したがって　$\mathbf{Q(3, \ 7, \ 6)}$

練習問題

①

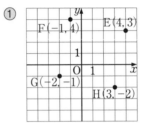

② 17 四

③

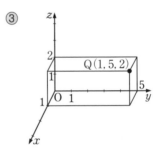

④ 点 Q の座標は，点 P のそれぞれの座標に移
動した数を加えればよい。
よって，点 Q の座標は　$(3+4, \ 1+2, \ 5+3)$
したがって　$\mathbf{Q(7, \ 3, \ 8)}$